Chris Lukhaup • Das große Handbuch Nano-Aquarien

Chris Lukhaup

Das große Handbuch Nano-Aquarien

Dähne Verlag

Fotonachweis Alle Fotos sind vom Autor.

Bibliografische Information der Deutschen Nationalbibliothek

Die Deutsche Nationalbibliothek verzeichnet diese Publikation in der Deutschen Nationalbibliografie; detaillierte bibliografische Daten sind im Internet über http://dnb.dnb.de abrufbar.

ISBN 978-3-944821-99-3

Druck: Grafisches Centrum Cuno GmbH & Co. KG
Printed in Germany

Inhaltsverzeichnis

Das Nano-Aquarium

Während noch vor Jahren der Trend zu immer größeren Aquarien deutlich zu spüren war, werden heute verstärkt Kleinaquarien zwischen 20 und 54 Liter Inhalt im Zoofachhandel verkauft. Sie bieten trotz ihres eher geringen Volumens eine Menge Möglichkeiten eigener gestalterischer Betätigung. Vielleicht interessieren sich deshalb gerade viele jüngere Menschen für attraktive kleine Aquarien mit Pflanzen und Tieren darin. Auch viele Neueinsteiger und vor allem Frauen sind fasziniert von diesem Thema – während die traditionelle Aquaristik immer noch eher männerdominiert ist.

Grundsätzlich ist die Nano-Aquaristik nicht neu – in Japan und überhaupt in Asien sind kleine Aquarien schon seit Jahren im Handel gut dabei. In Europa dagegen dauerte es längere Zeit, bis sich die Minibiotope in der Breite durchsetzen konnten. Hohe Strompreise, viele Singlehaushalte, wenig Zeit für das Hobby und fehlender Platz haben sicherlich einen großen Anteil daran, dass sich kleine Aquarien zur Zeit so gut verkaufen. Selbst „Schöner Wohnen"-Kunden, für die Design und Eleganz wichtig sind, können sich für die kleinen Becken begeistern.

Im Trend

Einen erheblichen Anteil am Erfolgszug der Nanos haben Garnelen, Krebse und Schnecken, die schon seit Jahren „boomen" und der Aquaristik einen Aufschwung beschert haben. Der so oft prophezeite Abschwung ist bisher nicht zu erkennen. Im Gegenteil, die breite Öffentlichkeit ist erst vor Kurzem auf diese interessanten und teils bizarren Aquarienbewohner aufmerksam geworden. In der Meerwasseraquaristik haben die Wirbellosen den Fischen längst den Rang abgelaufen, was in nächster Zukunft im Süßwasser allerdings nicht zu erwarten ist.

Für viele Menschen stellt ein Mini-Aquarium einen einfachen Einstieg in die Aquaristik dar. Allerdings sind die Nanos sicherlich kein klassisches Anfängerthema, und bei der praktischen Umsetzung gilt es einiges zu beachten. Auch wenn die Becken klein und relativ schlicht wirken und ihre Pflege einfach zu sein scheint, sollte man bedenken, dass auch ein kleiner Traum zum Alptraum werden kann, wenn man einige grundlegende Dinge nicht beachtet.

Selbst viele Zoofachhändler kennen sich noch nicht in der Tiefe mit dem erst wenige Jahre alten Thema aus. Häufig fehlen praktische Erfahrungen, weswegen es enorm wichtig ist, dass der Handel sich ausführlich informiert und die Erkenntnisse an die Kunden weitergibt. Dazu kommt, dass viele Arten von Garnelen, Krabben oder Schnecken der Wissenschaft noch unbekannt sind. Häufig fehlen nicht nur die Artnamen, sondern auch grundlegendes Wissen über die Haltungsbedingungen.

Mittlerweile gibt es allerdings in keinem Bereich der Aquaristik so viele Publikationen wie über Garnelen oder Krebse, und schaut man sich die Bestsellerlisten der aquaristischen Fachliteratur an, behandeln nicht selten gut die Hälfte der Bücher Themen rund um Süßwasserwirbellose. Auch im Internet haben die Wirbellosen Hochkonjunktur – sie sind in vielen Foren, Blogs und Gruppen ein Riesenthema.

Das Aquarium

Die Größe und Form des neuen Aquariums wählt man danach aus, welche Lebewesen einziehen sollen. Es geht los mit Aquarien ab 10 Litern, die bereits ausreichen, um kleinere Schnecken zu pflegen, und Aquarien ab 20 Litern für Zwerggarnelen. Becken mit noch weniger Volumen möchte ich selbst für wirbellose Tiere nicht empfehlen. Einige wenige Fischarten kommen ab 30 Litern infrage, etwas mehr Auswahl gibt es ab 45 bis 54 Litern. Ein Nano-Aquarium braucht relativ wenig Platz, und man kann es schnell und ohne großen Aufwand umstellen, falls doch mal etwas nicht passt. Mit einem großen Aquarium inklusive Unterschrank gestaltet sich dieses Unterfangen ziemlich schwierig!
Außerdem spart man mit einem Nano Strom und Wasser, was vor allem heutzutage sehr interessant ist. Eine solche Nano-Welt kann sich wirklich fast jeder leisten. Die Tiere, die ich hier im Buch vorstelle, kommen in der Natur in kleinen Gewässern vor. Bienen- und Tigergarnelen und andere *Caridina*-Arten leben beispielsweise in Bächen mit einem Wasserstand von wenigen Zentimetern. Einige der hier gezeigten Fische besiedeln Wasserlöcher oder Pfützen. Manche bleiben mit nur zwei bis drei Zentimetern so klein, dass man sie schon in einem 30-Liter-Aquarium artgerecht pflegen kann. In einem großen Aquarium fühlen sich diese Arten oft nicht wohl. Bei den Kleinsten ist die mangelnde Futterdichte bei zu viel Platz oft ein Problem.

Ein Nano-Aquarium ist, wie der Name schon vermuten lässt, deutlich kleiner als handelsübliche Standardbecken: Als Nano-Aquarien sind Glasbehälter von 10 bis 60 Liter Fassungsvermögen definiert. Je nach Größe und Einrichtung nimmt die Pflege bis zu zwei Stunden wöchentlich in Anspruch. Bei kleineren Nanos ist der Zeitaufwand nochmals deutlich geringer; man benötigt in der Regel nur etwa 20 bis 30 Minuten pro Woche. Ein dichter Pflanzenbewuchs trägt auch in Mini-Aquarien zu einer guten Wasserqualität bei. Sowohl für kleine als auch für größere Nano-Aquarien gibt es eine Vielzahl an Besatzmöglichkeiten und eine große Auswahl unter verschiedenen Fischen, Wirbellosen und Pflanzen mit wenig Platzbedarf.

STANDORT DES AQUARIUMS

Standort Fensterbank

Grundsätzlich gilt, dass ein Platz am oder direkt unter dem Fenster nicht für Aquarien geeignet ist. Fällt viel Sonnenlicht darauf, begünstigt dies die Algenbildung. Zudem kann die Sonne das Wasser stark aufheizen, sodass vor allem in kleinen Volumen keine konstanten Temperaturverhältnisse möglich sind.
Wer einen geeigneten Platz für sein Aquarium sucht, sollte zudem berücksichtigen, dass neben dem Aquarium selbst auch noch Platz für eventuelle Technik da sein sollte. Zudem muss sich eine Steckdose in Reichweite befinden, beziehungsweise ein Verlängerungskabel ohne Stolpergefahr gelegt werden können.

Am Anfang steht die Auswahl

Viele Hersteller haben Komplettsets im Programm. Egal ob Vollglas oder Acryl, funktionelles Massenprodukt oder individuelle Lösungen: Sie alle verfügen in der Regel über Filterung, Beleuchtung und Heizung, sodass auch tropische Tiere gepflegt werden können. Darüber hinaus findet sich häufig weiteres nützliches Zubehör in der Verpackung, wie Wasseraufbereiter, Pflanzendünger und Fischfutter. Nicht der günstige Einstiegspreis sollte beim Erwerb im Vordergrund stehen, sondern zuvorderst Zweckmäßigkeit und Qualität: Sollen später Fische oder Zwergkrebse im Aquarium gehalten werden, orientiert man sich an den größeren Modellen ab 45 bis 60 Litern, für eine Gruppe Zwerggarnelen und Schnecken reichen hingegen schon die kleineren Becken ab 20 Litern aus.

Die technischen Anforderungen an ein Nano-Becken können sehr unterschiedlich ausfallen, je nachdem, welche Tiere und Pflanzen gepflegt werden sollen. In einem techniklosen Nano lassen sich Pflanzen, Moose und ein paar schöne Schnecken sehr gut halten. Soll es dagegen ein Becken für Garnelen oder gar Fische sein, werden die Ansprüche schon höher. Manche Hersteller bieten Sets an, die mit CO_2-Anlage, Filter, Heizung und Beleuchtung ausgestattet sind, es gibt aber auch Firmen, die lediglich einen Glaskasten samt Leuchte anbieten. Viele Anbieter sind mittlerweile auf den Nano-Zug aufgesprungen und haben passend zu den Aquarien noch eine große Auswahl an Zubehör und Futter im Sortiment.

30-Liter-NanoCube

20-Liter-NanoCube

10-Liter-NanoCube

Wasserfilterung

Der Filter wird passend zur Aquariengröße gewählt. Die Filterpumpe saugt das Wasser an und führt es durch das Filtermaterial hindurch. Schwebstoffe werden zurückgehalten, und die Filterbakterien entfernen Schadstoffe aus dem Wasser. Danach befördert die Pumpe das gereinigte Wasser wieder zurück ins Aquarium.

Ist der Filter für das Aquarium nicht leistungsfähig genug, hat dies zur Folge, dass die Schadstoffmenge im Wasser ansteigt. Ein großer Filter muss zudem seltener gereinigt werden, bringt durch die Strömung viel Sauerstoff ins Aquarium und reduziert die Schadstoffmenge effektiv. Als Faustregel sollte der Aquarieninhalt mindestens einmal, besser noch zweimal pro Stunde umgewälzt werden, also durch den Filter laufen. Der Filter will ab und an mit klarem, kühlem Wasser gereinigt werden, die Poren im Filterschaum oder in der Filterwatte setzen sich ansonsten mit Bakterien und Mulm zu, und der Wasserdurchfluss lässt nach.

Reinigt man den Filter allerdings in Verbindung mit einem Wasserwechsel, greift man zu stark in das Gleichgewicht ein und entfernt möglicherweise zu viele Filterbakterien. Deshalb ist es besser, entweder Wasser zu wechseln oder den Filter zu reinigen. Ist der Filter mit mehreren Filtermedien oder Schwämmen bestückt, reinigt oder ersetzt man am besten immer nur einen Teil davon. Beispielsweise wird lediglich eine Schaumstoffpatrone zwischen den wöchentlichen Wasserwechseln ausgetauscht, während die anderen Materialien im Filter belassen werden; oder man wäscht zwischen den Wasserwechseln nur einen Teil des Filtermaterials in ein wenig Aquarienwasser kurz aus, damit ein Großteil der Bakterien erhalten bleibt. Niemals verwendet man heißes Wasser für die Filtermedien oder kocht sie gar aus.

Der Filter sollte regelmäßig kontrolliert werden, damit es keine bösen Überraschungen gibt: Lässt die Förderleistung deutlich nach, läuft also statt eines kräftigen Strahls nur noch ein kleines Rinnsal, sollte er gereinigt werden. Zu häufige Reinigungen können allerdings kontraproduktiv sein, weil dadurch zu viele Filterbakterien aus den Filtermedien entfernt werden.

Ich verwende in meinen Aquarien fast nur Außenfilter, da ich den begrenzten Platz im Nano-Aquarium ungern durch Technik noch weiter einschränke. Gerne verwende ich Hang-on-Filter oder Rucksackfilter, sowohl für die Nanos mit 10 Litern als auch für die größeren Becken. Meiner Erfahrung nach haben die für ein 10-Liter-Cube zunächst etwas groß erscheinenden Filter deutlich positive Auswirkungen auf das Ökosystem im Aquarium.

Heizung

Ein kleiner Wasserkörper lässt sich wesentlich leichter erwärmen oder abkühlen als eine größere Wassermenge. Eine konstante Temperatur zu halten ist daher im Nano eher schwierig. In der Natur sind Temperaturschwankungen zwischen Tag und Nacht normal, deswegen ist diese Eigenschaft im Nano aber teilweise sogar von Vorteil.

Die hier vorgestellten Wirbellosen brauchen im Normalfall keine Heizung; sie fühlen sich bei Zimmertemperatur wohl. Die meisten der hier gezeigten Fische kommen dagegen aus den Tropen und sind an die dort herrschenden warmen Temperaturen angepasst. Für sie ist eine Wärmequelle im Aquarium wichtig. Moderne Aquarienheizer sind thermostatgesteuert und regelbar. Die Leistung des Heizers sollte auf das Aquarienvolumen abgestimmt sein. Wichtig ist, dass er sich bei Trockenfallen oder Defekt automatisch abschaltet.

Beleuchtung

Die Aquarienbeleuchtung ist für Wachstum und Gedeihen der Aquarienpflanzen wichtig. Nur wenn genügend Licht vorhanden ist, können sie durch den biochemischen Prozess der Fotosynthese in den Pflanzenzellen Licht in Wachstum umsetzen.

Auch für die Aquarienbewohner spielt Licht eine wichtige Rolle. Viele Fische stammen aus den Tropen, wo die Sonne täglich 12-14 Stunden scheint. Je besser wir die natürlichen Bedingungen im Aquarium nachahmen, desto wohler fühlen sich unsere Aquarienbewohner. Außerdem fördert gutes Licht eine intensive Färbung bei Garnelen und Fischen.

Mit einer Zeitschaltuhr muss man nicht jeden Tag daran denken, das Licht an- und auszuschalten. Alternativ haben viele LED-Beleuchtungen ein Steuergerät, mit dessen Hilfe die Beleuchtungsdauer und teils sogar die Intensität eingestellt werden kann.

Einlaufzeiten beachten

Damit die Tiere gesund bleiben und sich von Anfang an wohlfühlen, sollte man ein neu eingerichtetes Aquarium vor dem Erstbesatz zwei bis vier Wochen „einlaufen“ lassen. Das bedeutet: In diesen Wochen wird das Becken ohne tierische Bewohner, aber mit der ganzen Technik betrieben.

Insbesondere ist es wichtig, den Filter bereits 24 Stunden durchlaufen zu lassen: Ein neuer Filter braucht einige Zeit, bis er ausreichend mit Bakterien besiedelt ist, die die im Aquarium anfallenden Schadstoffe abbauen. Nach der sogenannten „Einlaufzeit" ist erst die volle Filterleistung vorhanden. Während der Einlaufzeit können sich Schadstoffe wie Nitrit und Ammoniak im Aquarienwasser ansammeln, die den Fischen schaden oder sie sogar töten würden – deshalb wartet man vor dem Erstbesatz den sogenannten „Nitritpeak" ab. Wenn die Nitritwerte wieder gegen null gehen, kann das Aquarium mit Tieren besetzt werden. Filterbakterien können sich nur vermehren, wenn ihnen genügend stickstoffhaltige Substanzen im Wasser zur Verfügung stehen.

Die Einlaufzeit lässt sich mit Bakterienpräparaten aus dem Zoofachhandel beschleunigen. Sie unterstützen den Einfahrprozess und bringen zusätzliche Bakterienarten ins Aquarium, die beim Schadstoffabbau helfen und sich im Filter ansiedeln.

Diese Mischkulturen ausgewählter Reinigungsbakterien in den Bakterienstartern werden im Aquarium sofort aktiv und starten mit dem Schadstoffabbau. Leistungsfähige Nitrifikations-Bakterien beseitigen für die Aquarientiere gefährliches Ammoniak und Nitrit. Mulm abbauende Bakterien ernähren sich von Pflanzen- und Futterresten, Fischausscheidungen und organischen Trübstoffen und halten so das Aquarium sauber.

Wasserwerte

Temperatur

Damit der Stoffwechsel der Tiere richtig funktioniert, ist eine gute Einstellung der Temperatur wichtig. Die meisten Fischarten kommen aus den Tropen oder Subtropen zu uns, deshalb sind Heizungen im Aquarium von Bedeutung. Die größte Anzahl tropischer Fischarten bevorzugt eine Wassertemperatur von 22-26 °C.

pH-Wert

Der pH-Wert misst den Säuregehalt des Wassers. Von einem sauren pH-Wert spricht man bei 1 bis 6,9, von neutralem Wasser bei einem pH-Wert von 7, alkalisch oder basisch wird es bei einem pH-Wert von 7,1 bis 10. Die meisten Zierfisch- und Garnelenarten fühlen sich bei einem pH-Wert von 6,5 bis 7,5 wohl.

Gesamthärte / GH

Die Gesamthärte wird überwiegend durch die Summe der Kalzium- und Magnesiumionen im Wasser gebildet. Gemessen wird sie in °dGH (Grad deutscher Gesamthärte). Im Bereich von 0-7 °dGH spricht man von weichem Wasser, mittelhartes hat 7-14 °dGH, hartes Wasser 14-21 °dGH und sehr hartes über 21 °dGH.

Sauerstoff / O_2

Der Sauerstoffgehalt des Wassers wird in mg/l gemessen. Viele Fischarten atmen bei 4-5 mg/l beschwerdefrei, Fische aus schnell fließenden Gewässern brauchen jedoch mehr Sauerstoff, ebenso wie Krebse und Garnelen, diese vor allem bei der Häutung. Je wärmer das Wasser, desto weniger Sauerstoff ist darin gebunden.

Leitwert

Der Leitwert gibt den Gehalt aller gelösten Ionen im Wasser an, die elektrisch leitfähig sind. Im Süßwasser wird er in Mikrosiemens (µS) gemessen. Je höher der Leitwert, desto höher ist die Ionenzahl im Wasser, sprich, der Salzgehalt – und häufig auch die Wasserhärte.

Nitrit / NO_2

Ammoniak und Ammonium aus dem Fischkot werden von Bakterien zu Nitrit abgebaut, es kann aber auch beim Abbau organischer Materie entstehen. In einem gut funktionierenden Aquarium ist der Nitritwert nicht messbar. Nitrit ist fischgiftig; es behindert ihre Atmung und kann schon ab 0,1 mg/l zu Todesfällen führen.

Nitrat / NO_3

Nitrit wird von Bakterien zu Nitrat oxidiert. Ein hoher Nitratwert bedeutet, dass im Aquarium zu viele organische Substanzen das Wasser belasten. Trinkwasser in Deutschland darf maximal 50 mg/l Nitrat enthalten. Im Aquariumwasser sollte der Wert bei maximal 30 mg/l liegen.

Phosphat / PO_4

Phosphat stammt aus dem Leitungswasser, aus dem Fischkot es kann aber auch durch Pflanzendünger, Fischfutter und durch Verrottungsprozesse ins Aquarium gelangen oder dort freigesetzt werden. Bei Werten über 0,5 mg/l Phosphat kann es zu verstärktem Algenbewuchs kommen.

Ammonium und Ammoniak / NH_4 und NH_3

Das ungiftige Ammonium entsteht aus dem Stickstoff in organischen Abfällen. In Abhängigkeit vom pH-Wert wandelt es sich in hochgiftiges Ammoniak um, das als starkes Zellgift bei einer Konzentration von 1 mg/l akut tödlich für Fische ist und ab Konzentrationen von nur 0,05 mg/l eine chronische Vergiftung verursachen kann.

AUSWAHL DER BEWOHNER

Welche grundsätzlichen Faktoren sollte man bei der Auswahl von Fischen oder Wirbellosen für ein Nano-Aquarium bedenken? Als erste Regel wäre da die Aquariengröße. Jeder Fisch braucht eine ausreichende Wassermenge und genügend Schwimmraum. Als Faustregel für die Kantenlänge gilt, dass das Aquarium mindestens zehnmal so lang und fünfmal so breit wie die Körperlänge des längsten ausgewachsenen Fisches sein sollte. In der Regel kauft man junge Fische, die noch wachsen, daher ist die Endgröße der jeweiligen Art wichtig. Diese Regel sollte man allerdings nicht zu strikt auslegen, weil noch andere Faktoren wie zum Beispiel die Lebhaftigkeit und Aktivität der Fische eine Rolle spielen. Entscheide dich im Zweifel grundsätzlich für die größere Lösung und beachte die in deinem Land geltenden gesetzlichen Bestimmungen!
Auch die Wasserqualität spielt eine wichtige Rolle bei der Auswahl der Aquarienbewohner. Entspricht das Leitungswasser nicht ihren Bedürfnissen, sind sie gestresst, können krank werden und sogar früher sterben. Das Leitungswasser kann man in fast jedem Zoofachgeschäft testen lassen oder die wichtigsten Wasserwerte auf der Webseite des zuständigen Wasserwerks abrufen und danach eine Auswahl treffen. Weichwasserfische brauchen auch im Aquarium weiches Wasser. Aquarienschnecken dagegen können in zu weichem Wasser schwere Gehäuseschäden davontragen, weil sie kalkhaltigeres und damit härteres Wasser für den Aufbau und Erhalt eines stabilen Häuschens brauchen.

Pflanzen für das Nano

Die Pflanzen geben dem Aquarium die Frische, und nicht selten ensteht durch das leuchtende Grün und Rot ihrer Blätter erst ein harmonisches Bild. Ihre Wirkung hängt in erster Linie von der Verteilung ab. Dabei gilt: Oft ist weniger mehr. In den meisten meiner Layouts verwende ich nur vier bis fünf Pflanzenarten, da man auch in der Natur nur selten ein Sammelsurium vieler unterschiedlicher Einzelpflanzen zu sehen bekommt.

Über Wuchsform, Größe und Platzierung der Pflanzen sollte man sich im Vorfeld informieren. Meist werden klein bleibende Pflanzen in den Vordergrund und eher hoch wachsende Arten in den Hintergrund gesetzt. Diese Anordnung gibt dem Aquarium optisch wesentlich mehr Tiefe. Pflanzengruppen einer Art wirken von Natur aus eindrucksvoll und harmonisch.

Mit roten, orange- und rosafarbenen Pflanzen lassen sich schöne Akzente setzen. Auch besondere Wuchsformen oder Blattstrukturen werden zu einem Blickpunkt im Layout. Beim Bepflanzen des Aquariums beginnt man am besten mit den Vordergrundpflanzen und arbeitet sich über die Mittelgrundpflanzen bis zu den Hintergrundpflanzen durch.

Manche schnell wachsenden Pflanzenarten muss man regelmäßig zurückschneiden. Der Rückschnitt hat den Vorteil, dass sich die meisten Pflanzen danach besser verzweigen und der Bestand insgesamt dichter und gesünder wirkt.

Wie Tiere und Menschen brauchen auch Pflanzen eine gute Ernährung. Nur dann leuchten die Farben der Blätter und Stängel, und nur dann können sie kräftig und gut wachsen. Kohlenstoff (CO_2) ist einer der wichtigsten Pflanzennährstoffe. Alle meine Nano-Aquarien werden mit CO_2 versorgt, aber auch ein guter Flüssigdünger kommt gezielt zum Einsatz.

Glossostigma elantinoides
Australisches Zungenblatt

Eleocharis pusilla
Zwergnadelsimse

Hemianthus callitrichoides „Cuba"
Kubanisches Zwergperlkraut

Eleocharis acicularis
Nadelsimse

Hydrocotyle cf. tripartita
Dreiteiliger Wassernabel

Marsilea hirsuta
Zwergkleefarn

Taxiphyllum barbieri
Javamoos

Riccia fluitans
Teichlebermoos

Anubias barteri var. nana „Bonsai"
Zwerg-Speerblatt

Vesicularia montagnei
Christmas-Moos

Vesicularia sp.
Triangelmoos

Helanthium tenellum
Grasartige Zwergschwertpflanze

Staurogyne repens
Kriechende Staurogyne

Pogostemon erectus
Indische Sternpflanze

Hygrophila pinnatifida
Fiederspaltiger Wasserfreund

Microsorum pteropus „Trident“
Geweih-Javafarn

Fontinalis hypnoides
Quellmoos

Cryptocoryne wendtii „Brown“
Brauner Wasserkelch

Taxiphyllum sp.
Flammenmoos

Pogostemon helferi
Kleiner Wasserstern

Ranunculus inundatus
Fluss-Hahnenfuß

Cryptocoryne wendtii „Green“
Grüner Wasserkelch

Riccardia chamedryfolia
Korallenmoos

Cryptocoryne sp. „Flamingo“
Flamingo-Speerblatt

Aegagropila linnaei
Mooskugel

Helanthium bolivianum
Zwergschwertpflanze

Bucephalandra sp.
„Giant Wavy Leaf“

Cryptocoryne parva
Kleiner Wasserkelch

Microsorum pteropus
Javafarn

Bucephalandra sp.
„Dark Leaf“

Pflanzendüngung mit CO_2

Kohlenstoff oder CO_2 ist nicht nur meiner Meinung nach der wichtigste Pflanzennährstoff überhaupt. Fast alle meine Nano-Aquarien werden mit CO_2 versorgt, damit die Pflanzen gut wachsen. Die genügsameren unter ihnen gedeihen auch ohne CO_2-Düngung ordentlich, bilden damit aber eher eine Ausnahme. Im direkten Vergleich eines Aquariums ohne CO_2-Düngung mit einem Becken, das mit CO_2 versorgt wird, erkennt man einen großen Unterschied: Im gedüngten Aquarium wachsen die Pflanzen besser und sehen gesünder aus. Warum ist das so?

Pflanzen brauchen Kohlenstoff zum Gewebeaufbau und für die Fotosynthesereaktion: Aus Kohlendioxid und Wasser produzieren sie mithilfe von Sonnenlicht Zucker als Energielieferant. Für Landpflanzen stellt die CO_2-Versorgung kein Problem dar – die Konzentration in der Luft reicht ihnen aus. Bei Wasserpflanzen ist es anders. Sie sind auf das im Wasser gelöste CO_2 angewiesen. Meist entsteht Kohlendioxid durch Abbauprozesse in den Schlammschichten am Grund oder kommt aus den umliegenden Böden. In Bächen oder Flüssen und in Quelltöpfen mit gut wachsenden Pflanzen ist dieses Phänomen nachweisbar.

Im Handel findest du grob gesprochen zwei Möglichkeiten, dein Aquarium mit CO_2 zu versorgen: Bio-CO_2 und CO_2-Systeme mit Druckgas.

Bio-CO_2 liegt das Prinzip der Hefegärung zugrunde, wie beim Hefeteig. Die Hefen atmen durch ihren Stoffwechsel CO_2 aus, das ins Aquarium geleitet wird.

Eine zweite, etwas teurere Methode – und aus meiner Sicht die beste – ist eine CO_2-Anlage mit Druckgasflasche. Diese Anlagen sind zuverlässiger, effektiver und deutlich besser dosierbar als Bio-CO_2.

Flüssigdünger

Wäre es nur CO_2, das die Pflanzen im Aquarium benötigen, wäre die Sache mit der Nährstoffversorgung im Aquarium ja noch relativ einfach. In der Regel verwenden wir Wasser aus der Leitung fürs Aquarium; darin sind allerdings oft nur wenige bis keine der für Pflanzen wichtigen Nährstoffe enthalten. Aus diesem Grund müssen wir den Aquarienpflanzen die fehlenden Mikro- und Makronährstoffe durch eine entsprechende Düngung zur Verfügung stellen. Die Pflanzen nehmen sie aus dem Bodengrund über ihre Wurzeln oder über das Wasser über ihre Blätter auf. Vor allem nach einem Wasserwechsel sollte man nachdüngen, damit sie regelmäßig mit Nährstoffen versorgt werden. Für schnell wachsende und damit besonders nährstoffhungrige Pflanzen eignet sich ein NPK-Makrodünger, der Stickstoff-, Phosphor- und Kaliumverbindungen enthält. Die im Flüssigdünger gelösten Nährstoffe können von den Pflanzen direkt aus dem Wasser aufgenommen werden. Sie steigern die Wuchskraft und führen zu gesunden, intensiv grünen Blättern. Auch rote, gelbe, orange- oder rosafarbene Pflanzen bilden durch eine angepasste Düngung eine intensivere Färbung aus.

Die Pflanzen brauchen den wichtigen Makronährstoff Phosphor (P) für die Zellatmung und für die Energieübertragung sowie für den Aufbau ihres Zellmaterials. Eingebracht wird er in Form von Phosphat (PO_4).

Ein Phosphormangel äußert sich durch Kümmerwuchs und eine dunklere Färbung des Blattgewebes. Sie entsteht, weil nach wie vor Chlorophyll gebildet wird, die Blattfläche jedoch schrumpft. Auch kann ein ungewöhnlich hoher Verlust insbesondere älterer Blätter auf einen Phosphormangel im Aquarium hinweisen.

Der Makronährstoff Stickstoff (N) wird für die Bildung von Pflanzengewebe gebraucht und sorgt damit für ein

gesundes Wachstum. Er wird in der Regel in Form von Nitrat (NO_3) eingebracht.
Einen Nitratmangel erkennt man bei Aquarienpflanzen an langsamem Wuchs und an ungewöhnlich kleinen Blättern. Bei einem Nitratmangel und auch bei anderen Nährstofflücken im Aquarium entstehen häufig Algenplagen. Typisch bei Stickstoffmangel sind massig auftretende Fadenalgen oder Pelzalgen.
Der wichtige Pflanzennährstoff Magnesium (Mg) spielt bei der Fotosynthese der Aquarienpflanzen eine entscheidende Rolle: Magnesium wird als Zentralatom von Chlorophyll gebraucht. Auch für die Bildung von Pflanzengewebe und für viele Stoffwechselfunktionen braucht die Pflanze diesen Nährstoff.
Eine Mangelversorgung mit Magnesium zeigt sich durch ähnliche Symptome wie ein Eisenmangel: Die Blattfarben verblassen, Chlorosen treten auf – das heißt, die Blattadern bleiben grün, der Rest des Blattes vergilbt. Bei einem Magnesiummangel treten die Chlorosen zuerst an den älteren Blättern der Aquarienpflanzen auf, fehlt dagegen Eisen, sind zuerst die Blätter des Neuaustriebs betroffen.
Der Makronährstoff Kalium (K) regelt den Wasserhaushalt und damit den Nährstofftransport innerhalb des Pflanzengewebes.
Ein Kaliummangel äußert sich in braunen bis schwarzen punktförmigen Nekrosen im Blattgewebe, die im späteren Verlauf zu Löchern werden können. Besonders auffällig wirkt sich ein Kaliummangel bei Javafarn aus. Hier werden ganze Blattteile erst hellbraun, dann schwarz, und dann fällt das Blatt ab. Hat die Pflanze nicht ausreichend Kalium zur Verfügung, wächst sie in der Regel schlecht und wirkt generell nicht vital.
Eisen brauchen unsere Aquarienpflanzen, um den grünen Blattfarbstoff Chlorophyll auszubilden. Steht ihnen zu wenig Eisen zur Verfügung, wirken die Blätter matt und blass, das Wachstum stockt, in schlimmeren Mangelsituationen kommt es zu Chlorosen. Leidet die Pflanze an einer Eisenchlorose, wird zunächst vor allem das Blattgewebe der jüngeren Blätter gelblich, während die Blattadern grün bleiben. Der Neuaustrieb wirkt ausgeblichen, weißlich, gelblich oder matt rosa.
Weil die Pflanzen ohne Blattgrün keine Energie durch Fotosynthese herstellen können, ist bei einem Eisenmangel das Wachstum der Aquarienpflanzen sehr schlecht, es kommt zu Kümmerwuchs.

Bestehen Nährstofflücken im Aquarium, nutzen dies gerne die Algen für sich. Können die Pflanzen im Aquarium nicht mehr richtig wachsen, haben sie den Algen wenig entgegenzusetzen. Daher kann sich ein Nährstoffmangel durchaus manchmal auch in einer Algenplage äußern.

VORBILD NATUR – QUELLFLUSS IN FLORIDA

Hardscape für das Nano

Steine und Wurzeln bilden wichtige Elemente für das Aquascape und dessen Layout. Es gibt unzählige Möglichkeiten, Steine und Wurzeln zu kombinieren – oder man verwendet nur Steine oder nur Wurzeln im Layout. Manche Aquarienlayouts verzichten sogar auf beides. Die Optionen sind unbegrenzt! Bei den Steinen sollte man auf die Wasserverträglichkeit achten. Bei der Auswahl der Wurzeln gilt: Je nach Herkunft und Beschaffenheit können sie das Wasser belasten. Sie können färbende Gerbstoffe abgeben oder Harzanteile besitzen. Hölzer sollten auf jeden Fall gut abgelagert sein.

Das fertige Hardscape gibt die Bepflanzung vor. Steine und Wurzeln können für eine natürlichere Wirkung mit Aufsitzerpflanzen wie *Anubias* und *Bucephalandra* oder mit verschiedenen Farnen wie zum Beispiel Javafarn begrünt werden.

Leopardenstein

Helle Pagode

Drachenstein

Pagodengestein

Aquariumfelsen

Messerstein

Samuraistein

Versteinertes Laub

Sandwüstenstein

Schwarze Lava

Braune Lava

Minilandschaft

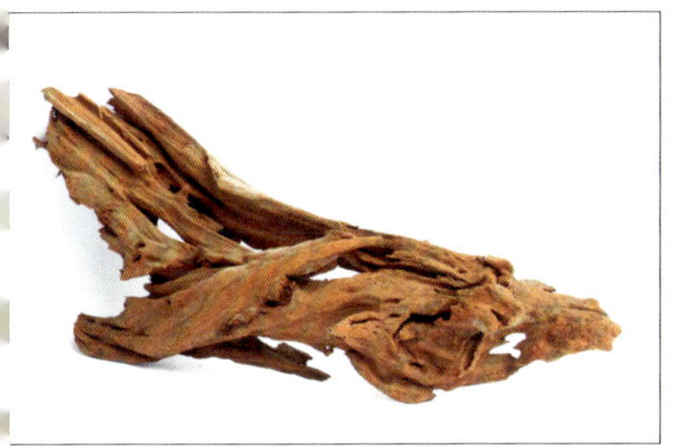
Flusswurzel

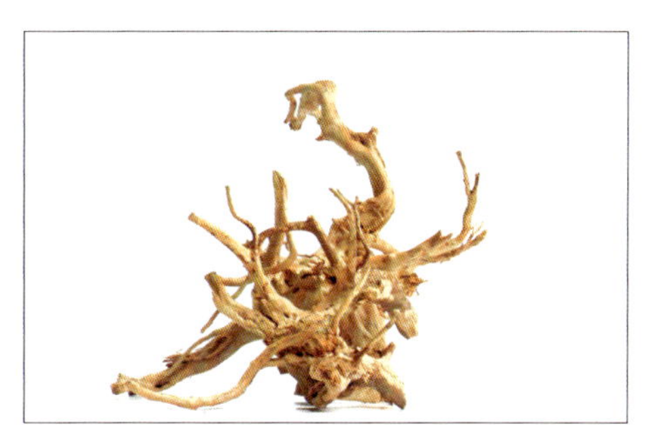
Rote Moorwurzel

Mangrove

Bodengrund für das Nano

Dem Bodengrund kommen im Aquarium mehrere Aufgaben zu: Die wichtigste Funktion ist natürlich, den Pflanzenwurzeln den nötigen Halt zu geben. Zudem werden Nährstoffe im Boden gespeichert und von den Pflanzen über ihre Wurzeln aufgenommen. Vor allem die oberen Schichten des Substrats sind zudem reich mit nützlichen Bakterien besiedelt, die förderlich für das biologische Gleichgewicht im Aquarium sind und wie im Filter Schadstoffe abbauen und in für die Pflanzen nutzbare Nährstoffe umwandeln.

Der Bodengrund sollte keine scharfkantigen Bestandteile enthalten, damit Fische und Wirbellose sich nicht daran verletzen können. Auch sollte die Farbe nicht zu hell gewählt werden, damit das Licht nicht reflektiert wird, was die Fische irritieren würde. Im Handel gibt es eine Vielzahl von unterschiedlichen Bodengrundarten. Ich verwende in meinen Nano-Aquarien hauptsächlich Soil, aber wie sonst auch sind die Geschmäcker verschieden, und manche Aquarianer mögen es eher farbig. Der Kreativität sind keine Grenzen gesetzt!

Verschiedene Bodengrundarten zu mischen, halte ich nur in den seltensten Fällen für gut. Vor allem Garnelen neigen dazu, den Bodengrund im Nano zu bewegen, indem sie die kleineren Partikel immer hochnehmen, sie abgrasen und dann ablegen; schnell vermischen sich dadurch die unterschiedlichen Substrate, was ziemlich unordentlich wirken kann. Auch beim Bepflanzen wird der Bodengrund bewegt und vermischt. Generell finde ich es harmonischer, wenn am Boden nur eine Farbe vorherrscht.

Natürlicher Soil, schwarz

Nano-Sand, weiß

Flusssand

Natürlicher Soil, hellbraun

Natürlicher Soil, braun

Nano-Kies, weiß

Nano-Kies, rot

Nano-Kies, schwarz

Nano-Kies, blau

Nano-Kies, gelb

Braune Lava

Naturkies River

Um den richtigen Bodengrund auswählen zu können, sollte man wissen, wozu er gebraucht wird: Sollen später darin üppige Pflanzen wuchern, hat sich eine fünf bis sechs Zentimeter hohe Schicht aus Soil oder feinem bis mittelgrobem Kies bewährt. Diese Körnungen können nicht verpappen und bieten den Pflanzenwurzeln Halt und Raum zum Wachsen. Soll auf die Vegetation verzichtet werden oder möchte man nur mit Aufsitzerpflanzen arbeiten, genügt eine dünne Schicht Sand.

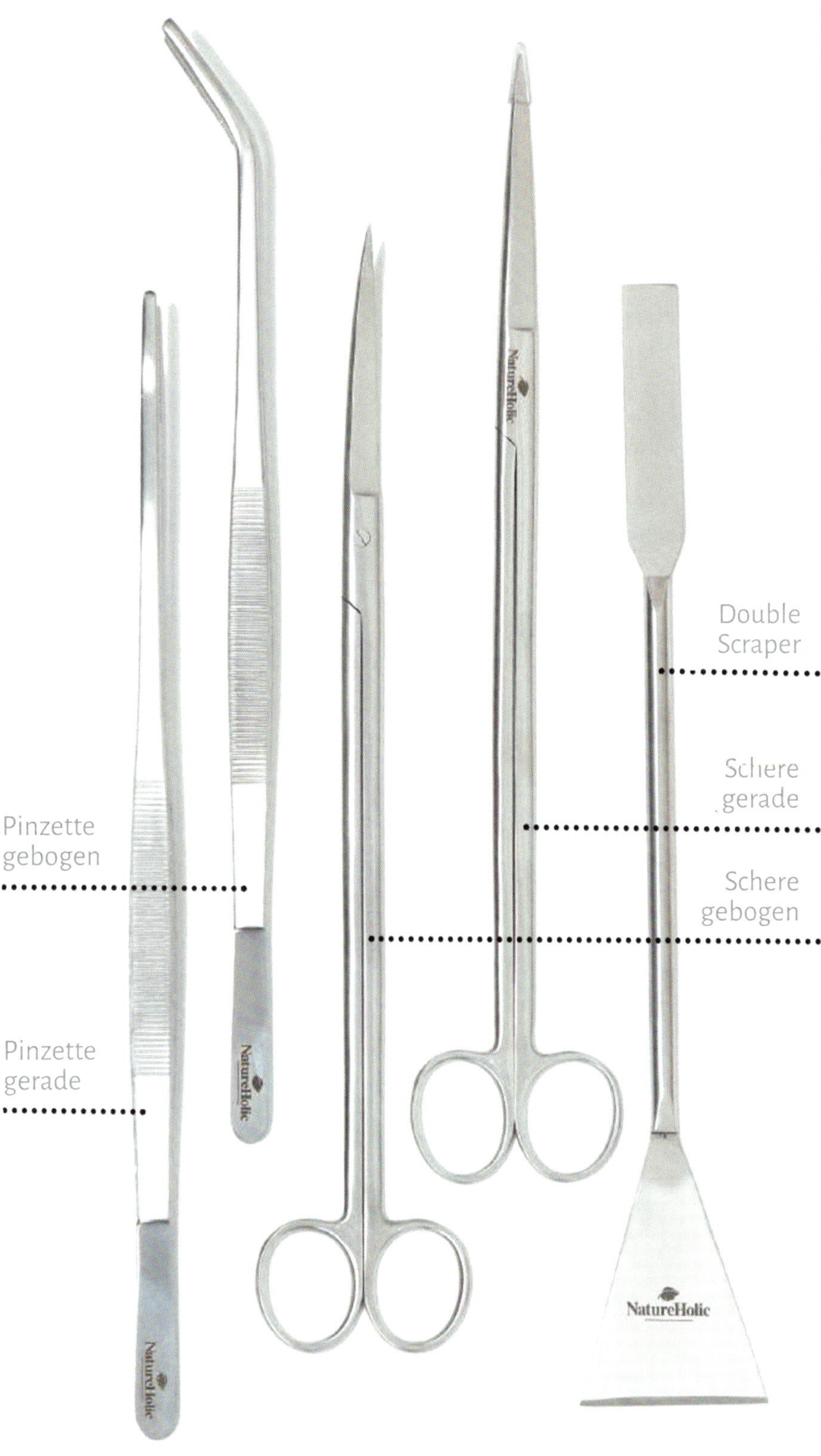

Werkzeug zur Nano-Pflege

Der Double Scraper ist ein praktischer Spatel, mit dem der Bodengrund auf kleinen bis großen Flächen geglättet werden kann. Durch die beiden unterschiedlich breiten Spatelblätter lässt er sich variabel verwenden und erlaubt sowohl ein effizientes Arbeiten auf großen Flächen wie auch das Ausarbeiten feiner Details.

Eine gebogene Scaping-Pinzette mit etwa 45 Zentimeter Länge ist fürs Aquascaping in Nano-Aquarien optimal geeignet. Sie ist auch in komplexer eingerichteten Becken noch hoch manövrierfähig und kommt dank der gebogenen Spitze in praktisch jede noch so verwinkelte Ecke des Hardscapes. Wie alle Scaping-Tools sollte auch die Pinzette aus rostfreiem Edelstahl bestehen.

Mit einer geraden Pflanzenpinzette können beispielsweise einzelne Stängel von Stängelpflanzen oder kleine Stücke von Bodendeckern präzise eingesetzt werden. Auch kann man damit gut größere Futterstücke in einer Futterschale platzieren, die vor allem bei Garnelen sinnvoll sein kann. Außerdem eignet sie sich dazu, lose Blätter und alles andere, was nicht ins Aquarium gehört, zu entfernen, ohne dass man sich die Hände nass machen muss.

Eine ca. 20 Zentimeter lange Scaping-Pflanzenschere mit gebogener Spitze ist für besonders kleinteilige Arbeiten im Nano-Aquascape ideal, eignet sich aber auch für Schnittarbeiten in großen Aquarien. Gut ist die gebogene Form zum Trimmen kurzer Pflanzen- und Moospolster im Vordergrund oder auf den Wurzeln.

Eine ca. 45 Zentimeter lange Pflanzenschere mit einer geraden Spitze ist ebenfalls ein wertvolles Tool. Sie eignet sich perfekt für den Formschnitt und das Trimmen der Stängelpflanzen im Hintergrund und für das Ausputzen von Mittelgrundpflanzen. Mit einer langen, schlanken Schere kann man auch knifflig zu erreichende kleinere Pflanzen zurückschneiden, die beispielsweise als Unterbepflanzung unterhalb einer Wurzel oder eines Steins wachsen.

Der Bodengrund wird mit einem Pinsel oder Scraper geglättet.

Zunächst werden die großen Hauptsteine gesetzt.

Zwischen den Steinen wird noch Bodengrund aufgefüllt.

Die Pflanze wird mitsamt Wurzelballen aus dem Gittertopf genommen.

Die Steinwolle muss zum größten Teil entfernt werden.

Die Pflanze teilt man mit einer Schere oder mit den Fingern.

Polsterbildende Pflanzen sind einfach zu teilen.

Mithilfe der Pinzette setzt man die Pflanzen in den Boden.

Obenansicht des fertig gescapten NanoCubes.

Let´s fix it!

Klassischerweise bindet man Moose und Aufsitzerpflanzen auf dem Hardscape mit Bindfaden oder transparenter Nylon- oder Angelschnur fest. Nicht in allen Fällen ist das optimal. Oft ist der Faden sichtbar, und manchmal erlaubt die Form des Hardscapes das Aufbinden überhaupt nicht. Aber auch, wenn Aufbinden grundsätzlich möglich wäre – einfacher ist das Aufkleben. Ein cleverer Aquascaper entdeckte vor einiger Zeit, dass Kleber auf Cyanacrylat-Basis, wie er in der Medizin zum Wundenkleben verwendet wird, für die Verwendung im Aquarium geeignet und für die Aquarienbewohner sicher ist. Diese Methode zur Begrünung von Wurzeln und Steinen wird seither hunderttausendfach praktiziert. Mit speziellem Pflanzenkleber oder Cyanacrylat-Sekundenkleber auf Gelbasis lassen sich die meisten Aquarienmoose und Aufsitzerpflanzen unauffällig, unkompliziert und schonend auf dem Hardscape befestigen. Der Kleber härtet bei Wasserkontakt aus und sollte daher am besten auf trockenen oder nur leicht feuchten Untergründen verarbeitet werden.
Mit Hardscapekleber oder Sekundenkleber und etwas Filterwatte lassen sich Wurzelstücke und kleinere Steine unbedenklich für Fische und Wirbellose verbinden. Streut man die Klebestellen mit Sand oder sehr feinem Kies ab, werden sie nahezu unsichtbar.

Moose wickeln

Ein besonderes Augenmerk wird bei einem Kleinaquarium klassischerweise auf Moose gelegt. Außer dem tropischen Javamoos und unserem heimischen Quellmoos stehen zahlreiche weitere aquatile Moose zur Verfügung, die zum Teil unter Fantasienamen angeboten werden. Durch ihre intensiven hellen oder dunklen Grüntöne, ihren kompakten Wuchs und ihre feinen Strukturen sind beispielsweise die überwiegend aus Asien importierten *Fissidens*- und *Riccardia*-Arten im Nano-Aquascaping sehr beliebt.

Da ein loses Moosbüschel auf dem Bodengrund nicht unbedingt attraktiv wirkt, werden Moose im Aquarium gerne auf die Wurzeln oder Steine des Hardscapes im Mittelgrund aufgebunden. Auf flache Steine aufgebundenes Moos dagegen passt gut in den Aquarienvordergrund.

Moose sind im Allgemeinen recht anspruchslos, mögen aber keine direkte grelle Beleuchtung. Deshalb sollten für ein Moosaquarium eventuell noch Schwimmpflanzen eingeplant werden – oder man setzt die Moose einfach an Stellen, die generell weniger Licht abbekommen, beispielsweise in den Schatten höherer Pflanzen oder der Aquariendeko. Oft ist ein Plätzchen am Fuße der Wurzeln oder Steine das Richtige.

Zum Aufbinden eignet sich am besten ein farblich unauffälliger oder durchsichtiger Faden, der sich unter Wasser nicht zersetzt. Damit lassen sich sehr gut dauerhaft Moose wie *Riccia* auf Steinen oder Wurzeln im Aquarium befestigen, die keine Haftwurzeln ausbilden. Der feine Faden sollte gut gleiten und angenehm zu wickeln sein. Gerne wird im Aquascaping dafür Angelsehne verwendet, mittlerweile gibt es aber auch eigens produzierte Aufbindefäden für Pflanzenaquarien im Fachhandel.

Um Steine oder Wurzeln zu bepflanzen, wird das Moos in ein bis zwei Zentimeter lange Stücke geschnitten. Diese werden in einer einlagigen Fläche auf das Hardscape aufgelegt und sodann mit dem Faden eng kreuz und quer festgewickelt. Die kurzen Moosstücke treiben bald aus und bilden sehr schnell ein dichtes, gut verzweigtes Moospolster.

Eine Rückwand für das Nano

Es gibt verschiedene Rückwandfolien für Aquarien, die mit Wasser aufgelegt oder verklebt werden. Ihr Vorteil ist, dass sie relativ einfach zu entfernen sind und ohne großen Aufwand ausgetauscht werden können, wenn die Farbe im Hintergrund nicht mehr gefällt. Die Beispielbilder oben zeigen, wie sich die Stimmung im Aquarium mit der Rückwandfarbe verändert – das gleiche Aquarium wurde einmal mit einer schwarzen und einmal mit einer weißen Rückwand bezogen.

Zum Befestigen wird die hintere Glasscheibe außen mit Wasser angefeuchtet. Nun legt man die Folie auf das Glas und streicht sie mit der Kante eines Geodreiecks oder einer EC-Karte von der Mitte aus auf. Eventuelle Luftblasen werden zum Rand hin ausgestrichen. Danach schneidet man entlang der Kante überstehende Reste mit einem scharfen Cuttermesser oder einer Schere ab.

Farbige Rückwände können im Aquarium super aussehen, die Auswahl ist Geschmacksache. Links sieht man eine beleuchtete Rückwand, die die Farbe immer wieder wechselt.

Algen im Nano-Aquarium

Es gibt kein Aquarium ohne Algen. Diese Organismen übernehmen in der Natur und im Becken wichtige Funktionen. Was hilft aber gegen Algen, die die Überhand gewinnen?
Schauen wir uns die Natur an und finden wir heraus, warum in manchen Gewässern Algen kaum in Erscheinung treten und in anderen dagegen fast nichts anderes wächst: In Bächen und Seen mit einem niedrigen Nähr- und Schadstoffniveau gibt es meist nur wenige Algen. Die Pflanzen wachsen gut und machen ihnen dadurch das Leben schwer. Die wenigen dennoch vorhandenen Algen sind kaum sichtbar. Meist gibt es in solchen Gewässern Fische nicht im Übermaß, sodass alles im Gleichgewicht steht.
So ist das auch im Aquarium: Ein zu hoher Fischbesatz kann leicht dazu führen, dass durch die notwendige hohe Futtermenge zu viele Schadstoffe wie Phosphat oder Nitrat in den Kreislauf gelangen, die den reibungslosen Ablauf biologischer Prozesse im System stören. Vor allem im Nano-Aquarium gilt: Lieber hält man etwas weniger Fische als zu viele.
Das Licht hat ebenfalls eine große Auswirkung auf das Algenwachstum. Wenn die Beleuchtung jeden Tag zu lange brennt oder die Lampe zu stark ist, und wenn sich dazu noch im Aquarium wenige oder keine schnell wachsenden Pflanzen befinden, nehmen die Algen bald überhand. Das erste Anzeichen für zu viel Licht ist, dass die Scheiben grün werden. Viele erfahrene Aquarianer legen über den Mittag eine ein- bis zweistündige Beleuchtungspause ein, auf die die meisten Pflanzen gut reagieren – ihr Stoffwechsel kann sich in dieser Zeit erholen.
Regelmäßige Wasserwechsel können Wunder im Kampf gegen Algen bewirken, weil überschüssige Nährstoffe ausgetragen werden.
In einem neu eingerichteten Aquarium stellen sich nach ungefähr zwei Wochen Algen ein.
Zuerst machen sich Kieselalgen breit, die als fluffigbrauner Belag den Bodengrund, Pflanzen und Einrichtungsgegenstände überziehen. Diese Algen lassen sich mit einem Schlauch absaugen. In diesem Zug macht man am besten gleich einen großen Wasserwechsel von mindestens 50 %. Meist ist es damit erledigt, nur manchmal muss die Prozedur wiederholt werden. Die zweite „Algenwelle“ besteht aus Grünalgen, die sich Nährstoffungleichgewichte durch die anfangs noch nicht richtig wachsenden Pflanzen zunutze machen. Sobald die Pflanzen zulegen, regelt sich der Grünalgenbefall meist von selbst.

Wasserwechsel

Je nach Stoffwechsel der Arten, die das Aquarium bevölkern, gelangen kleinere oder auch größere Mengen an Ausscheidungen ins Aquarienwasser; zusätzlich können Futterreste oder absterbende Pflanzenteile das Wasser belasten. Will man die Aquaristik ernsthaft betreiben, ist der Wasserwechsel eine der wichtigsten Aufgaben.

Manch ein Einsteiger in die Aquaristik mag denken, dass man beim „Wasserwechsel" regelmäßig das gesamte Wasser im Aquarium austauschen müsse. Dem ist allerdings nicht so! Ein kompletter Wasseraustausch könnte für die Aquarienbewohner zum Problem werden und sollte nicht ohne Not vorgenommen werden.

Bei einem Wasserwechsel (oder genauer: einem Teilwasserwechsel) wird immer nur ein Teil des Aquarienwassers gegen Frischwasser getauscht. Dies gewährleistet, dass sich Schadstoffe nicht übermäßig ansammeln und dass mit dem Frischwasser immer wieder neue Mineralien in das Aquarium gelangen.

Wie oft man einen Teilwasserwechsel vornimmt, hängt von mehreren Faktoren ab: Woraus besteht der Besatz, wie viele Tiere sind im Aquarium? Wie wird gefiltert, wie oft gefüttert?

Im Optimalfall wechselt man jede Woche einen Teil des Aquarienwassers. Oft reicht ein Teilwasserwechsel alle 10 bis 14 Tage aus. Bei einem wöchentlichen Wasserwechsel ersetzt man etwa 20 bis 30 % des Aquarienwassers durch Frischwasser. Wählt man in weniger stark besetzten Becken ein zweiwöchiges Intervall, dürfen es bis zu 50 % sein. Wichtig ist, dass der Wasserwechsel langsam vonstatten geht, da die Tiere sonst einen Schock bekommen können. Das Wechselwasser sollte dieselbe Temperatur wie das Aquarienwasser haben.

Sauberes Wasser ist für Fische und Wirbellose essenziell, um Krankeiten vorzubeugen und das Wohlbefinden zu steigern.

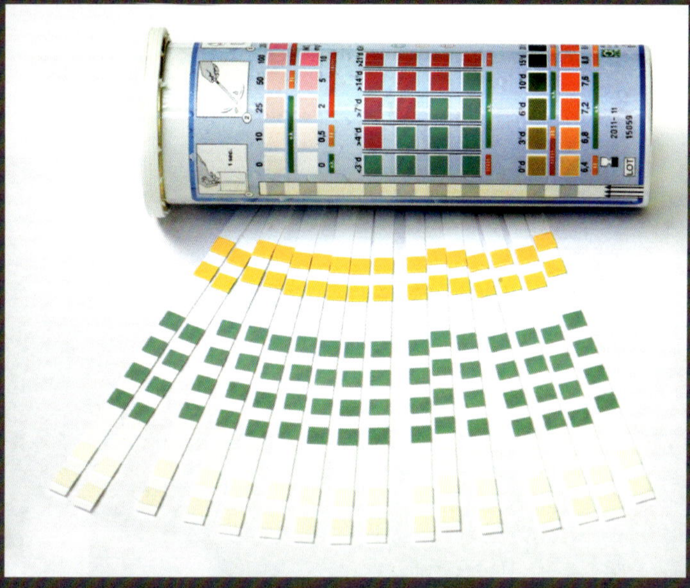

Die Wasserwerte im Aquarium sollten regelmäßig getestet werden. So kann man effektiv Problemen vorbeugen. Die Wasserqualität kann mit Tröpfchen- oder Streifentests überprüft werden.

Mit einem Nano-Mulmsauger wird der Bodengrund gereinigt und gleichzeitig ein Teilwasserwechsel durchgeführt.

Durch das spezielle schlanke Ansaugrohr lässt sich auch in kleinen Aquarien auf engem Raum der Mulm aus dem Substrat entfernen, ohne aus Versehen die Wasserpflanzen auszureißen oder die ganze Einrichtung durcheinander zu bringen.

Viele Nano-Mulmsauger werden mit Schlauchhalter und Durchflussregler geliefert, die Länge des Absaugrohrs beträgt je nach Firma ca. 30 Zentimeter.

VORBILD NATUR

Unterwasserlandschaften in der Natur lassen das Herz vieler Aquarianer und Naturliebhaber höher schlagen, und manch einer hat nur den einen Wunsch: einen kleinen Ausschnitt eines solchen Biotops im eigenen Aquarium möglichst exakt nachzubilden. Auf den nächsten Seiten habe ich ein paar Beispiele ausgesucht, die man wie in einem Rezeptbuch ganz einfach so oder so ähnlich nachbauen kann.

30 Liter Nano – Wild Evergreen

Das Layout in diesem NanoCube mit 30 Litern setzte ich aus zwei Komponenten zusammen: Zum einen konnte ich den Bodengrund aus einem anderen Aquarium übernehmen, das ich vor einiger Zeit aufgesetzt hatte. Dadurch senkt der verwendete Soil den pH-Wert nicht mehr so weit ab, dass es für die Endler-Guppys problematisch werden würde.

Zum Zweiten haben wir hier als Hardscape einen kleinen Berg aus Lavabrocken, der innen mit Soil aufgefüllt wurde, ähnlich einer Ringmauer. So konnte ich mehr Pflanzen einsetzen. Auf dem Lavagestein wachsen *Hygrophila pinnatifida* und Javamoos (*Taxiphyllum barbieri*) auch ohne Soil. Die Lavabrocken haben eine stark poröse Struktur, und die Pflanzen finden hier wunderbar Halt und können bestens gedeihen.

In dem mit Soil aufgefüllten Innenteil wachsen *Sagittaria subulata*, das Kleine Pfeilkraut, und der Dreiteilige Wassernabel *Hydrocotyle tripartita*. Beide Pflanzen stellen an die Wasserwerte keine hohen Ansprüche. Im Vordergrund und um die Lavabrocken setzte ich die Zwergnadelsimse *Eleocharis pusilla* ein. Schneidet man diese öfters zurück, wächst sie dichter und kompakter.

***Neocaridina davidi* „Yellow“** ist eine Farbform der eigentlich unspektakulär gefärbten Rückenstrichgarnele aus Taiwan. Die friedlichen Gruppentiere sind für Anfänger geeignet, da sie leicht zu vermehren sind und wenig Ansprüche ans Wasser stellen.

***Poecilia wingei* „Blue Star“** ist eine Lokalform und eine der bekanntesten Varianten des Endler-Guppys. Die Weibchen sind – wie so häufig im Tierreich – weniger farbenfroh und etwas größer als die Männchen, welche insgesamt schlanker wirken.

Sagittaria subulata, das Kleine Pfeilkraut, gilt als sehr tolerant und sieht auf den ersten Blick aus wie eine Vallisnerie. Diese Art kann eine Wuchshöhe von 40 Zentimetern erreichen. Vor allem bei wenig Licht werden die Blätter länger, bei viel Licht bleiben sie kürzer.

Hydrocotyle tripartita, der hübsche Dreiteilige Wassernabel, ist mit seinen kleeblattähnlich gelappten, kleinen, frisch hellgrünen Blättern und langen Stängeln außerordentlich dekorativ. Bei viel Licht wächst die Pflanze niederliegend am Boden entlang.

Taxiphyllum barbieri ist ein anspruchsloses Moos, das bei viel Licht und CO_2 sehr dicht wächst, aber auch gut in schattigen Bereichen verwendet werden kann. Man kann das vielfältig einsetzbare Javamoos auf Steine oder Wurzeln aufbinden oder festkleben.

Eleocharis pusilla, die Zwergnadelsimse, stammt aus Australien und Neuseeland und besiedelt dort meist Feuchtgebiete. Die Graspflanze ist optimal als Vordergrundpflanze für Nano-Aquarien geeignet und wird nur in seltenen Fällen über sechs Zentimeter hoch.

Hygrophila pinnatifida, der attraktive Fiederspaltige Wasserfreund, ist in der Pflanzenaquaristik äußerst beliebt, da er so vielfältig einsetzbar ist. Bei viel Licht werden die Blätter rotbraun. Schneidet man sie kräftig zurück, wächst die Pflanze besonders kompakt und wird nicht so hoch.

Lavasteine sind besonders leicht und einfach zu verbauen. Sie beeinflussen die Gesamthärte und Karbonathärte des Wassers nicht, und sie sind mit ihrer porösen Oberfläche ein wahres Paradies für Aufwuchsfresser wie Garnelen, die den sich auf der Oberfläche bildenden Biofilm gerne abweiden.

Aktiver Soil wird aus natürlichen Erden hergestellt. Frischer Soil senkt aktiv die Karbonathärte des Wassers und bietet den Pflanzen eine besonders gute Nährstoffversorgung. Außerdem stellt er eine natürliche Quelle wertvoller Humin- und Fulvosäuren dar, ohne das Wasser zu färben.

30 Liter Nano – Wild Side

Auch bei diesem Nano-Aquarium mit 30 Liter Volumen versuchte ich, so viel wie möglich in der Fläche zu gestalten. Deswegen baute ich die Steine als Seitenberg etwas seitlich nach links versetzt in die Höhe. Schwarze Lavasteine stehen in einem guten Kontrast zu dem weißen Sandboden und den grünen Pflanzen. Die Steine gehen nicht bis ganz oben hin, sondern nur ungefähr zu zwei Dritteln, sodass darauf immer noch Platz ist für Aufsitzerpflanzen wie den Fiederspaltigen Wasserfreund *Hygrophila pinnatifida* und das Mooskraut *Mayaca fluviatilis*.

Mooskraut pflanzt man normalerweise in den Bodengrund. Hier nutzte ich die verzweigten Wurzeln des Fiederspaltigen Wasserfreundes als Anker und klemmte die Stängelpflanze außerdem vorsichtig zwischen den schwarzen Lavasteinen und den Wurzeln ein. Nach kurzer Zeit schlug das Mooskraut Wurzeln und blieb auch relativ fest.

Da man auf dem weißen Sandboden jeden noch so kleinen Krümel sieht, sauge ich den Boden im Aquarium jede Woche ab und lockere den Sand immer mal wieder auf. Das Aufwirbeln verhindert das Algenwachstum und die Ablagerung von Detritus. Der Beach Sand bleibt dadurch locker und wirkt sauberer.

***Neocaridina davidi* „Bloody Mary"** ist ein friedliches Gruppentier. Diese Garnelen sind auch für Anfänger empfehlenswert, da sie leicht zu vermehren sind und wenig Ansprüche ans Wasser stellen.

Danio margaritatus, der Perlhuhn- oder Galaxybärbling, ist einer der beliebtesten Nanofische überhaupt. Die kleinen Bärblinge aus Myanmar sind hübsch und relativ robust.

Boraras naevus, der Erdbeerbärbling, stammt aus Thailand und ist mit 1,5-2,5 Zentimetern bereits ausgewachsen. Im Aquarium können diese Bärblinge bis zu zehn Jahre alt werden.

Hydrocotyle tripartita, der Dreiteilige Wassernabel, ist mit seinen kleeähnlich gelappten, hellgrünen Blättern und kriechenden Stängeln außerordentlich dekorativ. Bei viel Licht wächst die Pflanze kriechend am Boden entlang.

Vesicularia montagnei, das beliebte Christmas-Moos, kommt von den Sunda-Inseln in Indonesien. Bei viel Licht und CO_2 wächst es besonders dicht, kann aber auch in schattigen Bereichen problemlos eingesetzt werden.

Eleocharis pusilla, die Zwergnadelsimse, stammt aus Australien und Neuseeland und besiedelt dort Feuchtgebiete. Die sehr niedrig wachsende Graspflanze wird nur bis sechs Zentimeter hoch und eignet sich optimal als Vordergrundpflanze.

Hygrophila pinnatifida, der attraktive Fiederspaltige Wasserfreund, ist in der Pflanzenaquaristik äußerst beliebt, da er so vielfältig einsetzbar ist. Bei viel Licht werden die Blätter rotbraun.

Lilaeopsis mauritiana ist eine aus Mauritius stammende, dort endemische Pflanze. Sie ist relativ anspruchslos. Schneidet man sie öfters zurück, wächst sie dichter und kompakter.

***Microsorum pteropus* „Trident"** ist eine beliebte Javafarn-Sorte. Wie die Stammform ist auch der Dreizackige Javafarn anspruchslos und pflegeleicht. Er wird als Aufsitzer kultiviert.

Mayaca fluviatilis, das amerikanische Fluss-Mooskraut, ist eine sehr zarte Pflanze. Sie liebt weiches Wasser und eine gute Beleuchtung. Mooskraut kann bis 50 cm hoch werden und eignet sich somit für den Mittel- und Hintergrund.

Schwarze Lava ist wasserneutral und kann somit in allen Aquarien eingesetzt werden. Moose und Farne lassen sich in den feinen Löchern dieses natürlichen Gesteins durch sanftes und vorsichtiges Einarbeiten gut fixieren.

Weißer Beach Sand ist ein schneeweißer, superfeiner Bodenbelag aus natürlichem Quarzsand. Er ist wasserneutral und kann wunderbar genutzt werden, um spannende Farbkontraste im Aquarium zu schaffen.

30 Liter Nano – Welcome to the Jungle

Dieses Layout scapte ich in Anlehnung an das Dschungelbuch, eines der erfolgreichsten Jugendbücher der Erde. Der britische Schriftsteller Rudyard Kipling erzählt darin von Mowgli, einem Jungen, der bei Tieren im Dschungel aufwächst. Kipling, selbst in Indien geboren, schrieb die Geschichten in den Jahren 1894 und 1895 für seine Kinder.

Ich habe den Fiederspaltigen Wasserfreund als Hauptpflanze für dieses Layout gewählt. *Hygrophila pinnatifida* ist eine in Indien endemische Wasserfreund-Art. Sie besiedelt Bäche im westlichen Küstengebiet am Fuß der Western Ghats, wird aber auch für den nordindischen Staat Uttar Pradesh angegeben.

Die Pflanze ist der Wissenschaft schon seit über 150 Jahren bekannt, wurde also schon beschrieben, lange bevor die Geschichte von Mowgli entstand.

Die Aufsitzerpflanze wurde im Jahr 1851 zunächst von Dalzell als *Nomaphila pinnatifida* beschrieben und über ein Jahrhundert später von Sreemadhavan 1969 in die Gattung *Hygrophila* gestellt.

Neocaridina davidi „Red Sakura“ ist eine Farbform der braunen Wildform ler Rückenstrichgarnele aus Taiwan. Diese friedlichen Gruppentiere sind uch für Anfänger zu empfehlen, da sie eicht zu vermehren sind und wenig Anprüche ans Wasser stellen.

Boraras maculatus lebt auf Sumatra überwiegend in stehenden und sehr langsam fließenden, stark verkrauteten Gewässern. Seine geringe Größe von nur 2 bis 3 Zentimetern macht den Zwergbärbling zu einem beliebten Beifisch für Garnelen und andere kleine Wirbellose.

Glossostigma elatinoides ist eine zarte, kriechend am Boden wachsende Sumpfpflanze. Für einen guten Wuchs braucht sie viel Licht, CO_2 und eine gute Versorgung mit Nährstoffen. Ist das Licht eher spärlich, wächst sie nach oben, anstatt am Boden zu bleiben.

Bucephalandra sp. „Wavy Leaf“ hat die Aquaristik im Sturm erobert. Die sehr angsam wachsenden Aufsitzerpflanzen sitzen in der Natur über und unter Wasser und sollten auch im Aquarium uf Steine oder Wurzeln aufgebunden verden.

Taxiphyllum barbieri ist ein anspruchsloses Moos, das bei viel Licht und CO_2 sehr dicht wächst, aber auch gut in schattigen Bereichen verwendet werden kann. Das vielfältig einsetzbare Javamoos kann auf Steine oder Wurzeln aufgebunden oder aufgeklebt werden.

Eleocharis pusilla, die Zwergnadelsimse aus Australien und Neuseeland besiedelt Feuchtgebiete. Die feine hellgrüne Graspflanze ist optimal als Vordergrundpflanze für Nano-Aquarien geeignet, da sie nur in seltenen Fällen über sechs Zentimeter hoch wird.

Hygrophila pinnatifida, der attraktive fiederspaltige Wasserfreund, ist in der Pflanzenaquaristik äußerst beliebt, da er o vielfältig einsetzbar ist. Bei viel Licht verden die Blätter rotbraun. Schneidet nan sie kräftig zurück, wächst die Pflanze besonders kompakt und wird nicht so hoch.

Braune Moorwurzeln sind die wohl bekanntesten Aquarienwurzeln. Sie sind überall im Handel erhältlich. Moorwurzeln tragen dazu bei, dass ein Layout im Aufbau besonders spannend wirkt. Sie eignen sich auch hervorragend als Untergrund für Moose oder Aufsitzerpflanzen.

Aktiver Soil wird aus natürlichen Erden hergestellt. Frischer Soil senkt aktiv die Karbonathärte des Wassers und bietet den Pflanzen eine besonders gute Nährstoffversorgung. Außerdem stellt er eine natürliche Quelle wertvoller Humin- und Fulvosäuren dar, ohne das Wasser zu färben.

30 Liter Nano – One-sided Love Affair

Es gibt im Grunde drei Layoutformen für die Gestaltung eines Nano-Aquariums: die zentrale Gestaltung, das links- oder rechtsseitig orientierte Layout und die U-Form mit einem mittigen Tal.

Bei der linksseitigen Gestaltung hier zog ich das Substrat, also den Soil, bis zu einem Drittel auf der linken Seite hoch und platzierte darauf einen großen Brocken versteinertes Laub. Dieser Aquarienstein eignet sich perfekt, um Aufsitzerpflanzen und Moose oder, wie in diesem Fall, *Hygrophila pinnatifida* in die Lücken zu stecken, da er besonders viele dafür wie gemachte Risse und Spalten aufweist. Die raue Oberfläche eignet sich wunderbar als Anker für Wurzelpflanzen. Zwischen die Wurzeln des Fiederspaltigen Wasserfreunds setzte ich zusätzlich Javamoos, sodass der Stein nach einiger Zeit fast gar nicht mehr sichtbar ist.

Die Kombination von Garnelen mit Axelrod-Bärblingen funktionierte bestens. Die Garnelen vermehrten sich in diesem Layout sehr gut, da dieser Fisch auch kleinem Garnelennachwuchs nicht nachstellt.

Veocaridina davidi „Yellow" ist eine ˈarbform der braunen Wildform der ʀückenstrichgarnele aus Taiwan. Diese riedlichen Gruppentiere sind auch für ʌnfänger zu empfehlen, da sie leicht zu ʋermehren sind und wenig Ansprüche ,ns Wasser stellen.

Sundadanio axelrodi oder Axelrods Bärbling aus Sumatra und Borneo wird zwischen 2 und 2,5 Zentimeter lang. Meiner Meinung nach sind die Nanofische ideale Partner für Garnelen, da sie nur feinstes Schwebefutter fressen und Garnelenbabys nicht nachstellen.

Sagittaria subulata, das Kleine Pfeilkraut, gilt als sehr tolerant. Auf den ersten Blick sieht es aus wie eine Vallisnerie. Diese Art kann eine Wuchshöhe von 40 Zentimetern erreichen. Vor allem bei wenig Licht werden die Blätter länger, bei viel Licht bleiben sie kürzer.

Iydrocotyle tripartita, der Dreiteilige Vassernabel mit seinen dreigeteilten leeblattähnlich gelappten, hellgrünen 3lättern und den kriechenden Stängeln virkt außerordentlich dekorativ im ʌquarium. Bei viel Licht wächst die Stänelpflanze kriechend am Boden entlang.

Taxiphyllum barbieri ist ein anspruchsloses Moos, das bei viel Licht und CO_2 sehr dicht wächst, aber auch in schattigen Bereichen verwendet werden kann. Man kann Javamoos auf Steine oder Wurzeln im Aquarium aufbinden oder einfach darauf festkleben.

Eleocharis pusilla, die Zwergnadelsimse, stammt aus Australien und Neuseeland und besiedelt dort Feuchtgebiete. Die feine hellgrüne Graspflanze ist optimal als Vordergrundpflanze für Nano-Aquarien geeignet, da sie nur in seltenen Fällen über sechs Zentimeter hoch wird.

Iygrophila pinnatifida, der attraktive iederspaltige Wasserfreund, ist in der ˈflanzenaquaristik äußerst beliebt, da er o vielfältig einsetzbar ist. Bei viel Licht ʋerden die Blätter rotbraun. Schneidet nan sie kräftig zurück, wächst die Pflane besonders kompakt und wird nicht so och.

Versteinertes Laub ist ein rötlicher bis rotbrauner, sehr eindrucksvoll strukturierter Stein. Seine feine netzartige Oberfläche ist an manchen Stellen von interessant wirkenden hellen Adern durchzogen. Die Steine enthalten Kalk und können das Wasser im Aquarium leicht aufhärten.

Aktiver Soil wird aus natürlichen Erden hergestellt. Frischer Soil senkt aktiv die Karbonathärte des Wassers und bietet den Pflanzen eine besonders gute Nährstoffversorgung. Außerdem stellt er eine natürliche Quelle wertvoller Humin- und Fulvosäuren dar, ohne das Wasser zu färben.

30 Liter Nano – Between Two Hills

Im Nano-Aquarium ist der Platz ziemlich beschränkt. Für dieses Layout wählte ich daher eine zentrale Gestaltung, mit einem Freiraum in der Mitte. Wir sehen hier sozusagen zwei hohe Hügel, die von einem Tal in der Mitte getrennt werden.

Nach zwei Monaten Wuchszeit erkennt man das Tal allerdings schon gar nicht mehr. Die in der Anfangszeit klar voneinander abgegrenzten Hügel erscheinen nun als Einheit.

Im Hintergrund schüttete ich den Soil etwa bis zur Hälfte der Beckenhöhe auf und platzierte darauf die großen Steine, auf die ich wiederum Wurzeln aufklebte, sodass diese bis zur Wasseroberfläche reichen.

Auf den Wurzeln und Steinen befestigte ich Fiederspaltigen Wasserfreund und Moos mit Pflanzenkleber. Die Steine sind dadurch beinahe unsichtbar geworden.

Mit einem regelmäßigen Rückschnitt erreiche ich, dass der Fiederspaltige Wasserfreund sehr kompakt wächst.

***aridina logemanni* „Crystal Red"** ist ine Farbform der eigentlich dunkelraun-weißen Bienengarnele. Ihr Vorommensgebiet beschränkt sich auf drei äche um Hongkong. Die Bienengarnele evorzugt weiches Wasser.

***Poecilia wingei* „Red Chest"** ist eine Variante des sehr vielseitigen Endlerguppys. Diese Farbvariante stammt aus dem Hyacinth River in Cumana/Venezuela. Endlerguppys gibt es in vielen weiteren Farben und Mustern.

Clithon sowerbianum, die Geweihschnecke aus dem Indopazifik, hat ein dickschaliges Gehäuse mit interessanten Mustern. Die wenig anspruchsvolle Schnecke lebt in den Unterläufen kleiner Bäche im Süßwasser.

ygrophila pinnatifida, der attrakve Fiederspaltige Wasserfreund, ist der Pflanzenaquaristik äußerst beebt, da er so vielfältig einsetzbar ist. ei viel Licht werden die Blätter rotraun. Schneidet man sie kräftig zurück, ächst diese Pflanze sehr kompakt und ird nicht so hoch.

Vesicularia montagnei, das beliebte Christmas-Moos, kommt von den Sunda-Inseln in Indonesien. Bei viel Licht und CO_2 wächst es dicht, kann aber auch in schattigen Bereichen ohne Weiteres eingesetzt werden. Die grob dreieckigen Wedel des schönen Mooses wirken wie kleine Tannenbäume.

Eleocharis pusilla, die Zwergnadelsimse, stammt aus Australien und Neuseeland und besiedelt dort Feuchtgebiete. Die feine hellgrüne Graspflanze ist optimal als Vordergrundpflanze für Nano-Aquarien geeignet, da sie nur in seltenen Fällen über sechs Zentimeter hoch wird.

pikewood ist einzigartig; jedes Stück t ein Unikat. Dieses eher dunkle, stark erzweigte Holz ist fürs Aquascaping esonders attraktiv, da man damit veritterte Baumstümpfe oder Wurzeln n Waldboden darstellen kann, auf deen Farne, Moose und andere Aufsitzer achsen können.

Minilandschaft oder auch Ryuoh beziehungsweise Seiryu genannt, ist mit seiner grauen Farbe und interessanten Struktur ein Gestein, welches die Illusion eines rauen Felsmassivs oder felsiger Berge aufkommen lässt. Seiryu/Ryuoh ist leicht kalkhaltig und härtet weiches Wasser minimal auf.

Aktiver Soil wird aus natürlichen Erden hergestellt. Frischer Soil senkt aktiv die Karbonathärte des Wassers und bietet den Pflanzen eine besonders gute Nährstoffversorgung. Außerdem stellt er eine natürliche Quelle wertvoller Humin- und Fulvosäuren dar, ohne das Wasser zu färben.

30 Liter Nano – Riccia on the Moonrocks

Dieses Aquarium baute ich hauptsächlich mit Steinen auf, die ich nur wenige Kilometer von der bekannten Ufo-Landestelle Area 51 in Nevada entfernt fand und deren Form an Mondgestein erinnert – daher der Name des Layouts. Auf diesen Steinen wächst *Riccia fluitans*, das ich ebenfalls aus den USA mitbrachte – und zwar aus Florida.

Als weitere Besonderheit möchte ich erwähnen, dass ich hier die Nadelsimse *Eleocharis acicularis* nicht wie sonst in den Bodengrund pflanzte, sondern sie als Aufsitzerpflanze zwischen die Steine packte. Die Wurzeln berührten also den Bodengrund erst einmal nicht. Dadurch wuchs die Pflanze besonders schnell. Garnelen der Gattung *Neocaridina* setzte ich hier als Putzkolonne ein, genau wie die Rote Rennschnecke. Die klein bleibenden „Black Tiger"-Blaubarsche setzte ich versuchsweise in dieses Aquarium, um zu sehen, wie sie sich verhalten. In einer Gruppe von zwei Männchen mit mehreren Weibchen klappte die Haltung recht gut, auch wenn die Männchen kleine Reviere besetzen. Hier ist eine gute Struktur wichtig.

***eocaridina davidi* „Bloody Mary"** ist ine Farbform der braunen Wildform us Taiwan. Die friedlichen, robusten ruppentiere sind auch für Anfänger zu mpfehlen.

***Dario tigris* „Black Tiger"**, die klein bleibenden Black-Tiger-Blaubarsche, fühlen sich in der Gruppe am wohlsten. In diesem Becken halte ich zwei Männchen und mehrere Weibchen.

Vittina waigiensis, die Rote Rennschnecke, kommt ursprünglich aus dem Westpazifik (Philippinen und Indonesien). Dort lebt sie in Süßwasserbächen, die ins Meer münden.

nubias barteri* var. *nana ist auch als werg-Speerblatt bekannt und gehört u den beliebtesten Aquarienpflanzen berhaupt. Sie braucht wenig Pflege, vächst sehr langsam und gedeiht auch ei wenig Licht.

Eleocharis acicularis, die Nadelsimse, ist eine Pflanze für den Mittelgrund oder in kleinen Nano-Aquarien sogar für den Hintergrund. In dem Aquarium links wächst sie als Aufsitzerpflanze zwischen Steinen.

Eleocharis pusilla, die Zwergnadelsimse aus Australien und Neuseeland, ist geradezu optimal als Vordergrundpflanze für Nano-Aquarien geeignet, da sie nur in seltenen Fällen über sechs Zentimeter hoch wird.

larsilea hirsuta, der Zwergkleefarn aus ustralien, ist besonders robust und pfleeleicht und hat bei mir im Gartenteich ogar schon überwintert. Im Aquarium ildet er nach und nach einen dichten eppich im Vordergrund.

Riccardia chamedryfolia, das Korallenmoos, gehört zu den schönsten Aquarienmoosen und zeichnet sich durch seinen kompakten Wuchs aus. Korallenmoos wirkt besonders gut auf Steinen oder Wurzeln.

Riccia fluitans, das hellgrüne Teichlebermoos, kommt praktisch weltweit in warmen Gewässern vor. Im Aquarium lässt es sich als Schwimmpflanze oder auf Wurzeln oder Steine aufgebunden kultivieren.

raune Moorwurzeln sind die wohl ekanntesten Aquarienwurzeln. Sie traen dazu bei, dass ein Layout besonders pannend wirkt, und eignen sich auch ervorragend als Untergrund für Moose der Aufsitzerpflanzen.

Moonrocks sehen aus wie Mondgestein. Diese Steine habe ich in der Wüste Nevadas gefunden, nicht weit von Area 51 entfernt, der bekannten Ufo-Anlaufstelle in den USA: Sie sind ziemlich schwer und erinnern an Meteoriten.

Aktiver Soil senkt die Karbonathärte des Wassers und bietet den Pflanzen eine gute Nährstoffversorgung. Außerdem stellt er eine natürliche Quelle wertvoller Humin- und Fulvosäuren dar, ohne das Wasser zu färben.

30 Liter Nano – Mossy Rocks

Inspiriert durch die vielen moosigen Steine, die man auf Borneo und Java so häufig in den Biotopen sieht, entstand dieses Aquascape. Neben den moosbewachsenen Steinen steht die *Blyxa japonica* im Mittelpunkt, die durch die Unterwasserlandschaften von Takashi Amano eine gewisse Berühmtheit erlangt hat.

Die Erdbeerbärblinge fühlen sich zwischen den langen Blättern der *Blyxa* besonders wohl. Die Mixgruppe aus *Neocaridina davidi* besteht nur aus Weibchen, da in einem Mix der Nachwuchs gern transparent wildfarben wird. Diese Garnelen werden im Schnitt zwei Jahre alt, und in dieser Zeit ist das Aquarium schön farbig. In all meinen Nano-Aquarien mache ich einen wöchentlichen Wasserwechsel von 50 %. Auch wird das Aquarium regelmäßig gedüngt, damit die Pflanzen gut wachsen.

Neocaridina davidi „Mix". Da diese Garnelen alle einer Art angehören, kann man sie zusammen in einem Aquarium pflegen. Der Nachwuchs wird allerdings zum größten Teil transparent oder wildfarben, wenn die Farben gemischt werden.

Boraras naevus, der Erdbeerbärbling, stammt aus Thailand. Der kleine Bärbling ist mit nur 1,5 bis 2,5 Zentimetern ausgewachsen. Im Aquarium können diese Minifische bis zehn Jahre alt werden. Sie fressen keine Garnelenbabys.

Blyxa japonica ist eine grasartige Pflanze, die im Nano-Aquarium sowohl in den Mittelgrund als auch in den Vordergrund passt. Mit genügend Licht und CO_2 wächst die anspruchsvolle Pflanze dennoch ordentlich.

Riccardia chamedryfolia, das Korallenmoos, gehört zu den schönsten Aquarienmoosen und zeichnet sich durch seinen kompakten Wuchs aus. Das Moos sieht besonders gut auf Steinen oder Wurzeln aus.

Hemianthus callitrichoides „Cuba", das Kubanische Zwergperlkraut, ist eine wunderschöne hellgrüne kleinblättrige Stängelpflanze für den Vordergrund. Wichtig für gutes Wachstum sind gutes Licht und eine CO_2-Versorgung.

Eleocharis pusilla, die Zwergnadelsimse, stammt aus Australien und Neuseeland und besiedelt dort Feuchtgebiete. Die feine hellgrüne Graspflanze wird nur sechs Zentimeter hoch, eine optimale Vordergrundpflanze für Nano-Aquarien.

Hygrophila pinnatifida, der attraktive Fiederspaltige Wasserfreund, ist in der Pflanzenaquaristik äußerst beliebt, da er so vielfältig einsetzbar ist. Bei viel Licht werden die Blätter rotbraun. Schneidet man sie kräftig zurück, wächst diese Pflanze sehr kompakt und wird nicht so hoch.

Minilandschaft oder auch Ryuoh beziehungsweise Seiryu genannt, ist mit seiner grauen Farbe und interessanten Struktur ein Gestein, welches die Illusion eines rauen Felsmassivs oder felsiger Berge aufkommen lässt. Seiryu/Ryuoh ist leicht kalkhaltig und härtet weiches Wasser minimal auf.

Aktiver Soil wird aus natürlichen Erden hergestellt. Frischer Soil senkt aktiv die Karbonathärte des Wassers und bietet den Pflanzen eine besonders gute Nährstoffversorgung. Außerdem stellt er eine natürliche Quelle wertvoller Humin- und Fulvosäuren dar, ohne das Wasser zu färben.

30 Liter Nano – Rainbow Shrimp Mountain

Das Layout des „Rainbow Shrimp Mountain" besteht aus einem großen Hauptstein, den ich aus mehreren Steinen zusammensetzte und mit Kleber sicherte. Zwischen den Steinen ließ ich immer wieder ein paar größere Spalten, die ich später mit Soil auffüllte. So konnte ich hier Pflanzen einsetzen.

Bei diesem Scape war mir wichtig, dass ich zu jedem Zeitpunkt praktisch alle Garnelen sehe. Auch hier setzte ich nur weibliche *Neocaridina davidi* ein, da ich den transparenten Nachwuchs vermeiden wollte, der bei einer Vermehrung in einem solchen Mix unweigerlich auftritt.

In diesem NanoCube leben etwa 50 Garnelen – wie man auf dem Bild sieht, ist er damit nicht sonderlich dicht besetzt.

Bei häufiger Fütterung sollte der Cube mindestens einmal pro Woche saubergemacht werden: Mit einem dünnen Schlauch werden Pflanzenreste und Mulm abgesaugt und ein Wasserwechsel von ca. 50 % durchgeführt.

eocaridina davidi „Mix". Diese robusten arnelen gehören einer Art an und lassen ich zusammen pflegen. Der Nachwuchs vird bei gemischter Haltung allerdings um größten Teil transparent oder wildfaren, deshalb halte ich hier nur Weibchen.

Clithon flavovirens wird auch als Geweih- oder Hörnchenschnecke bezeichnet. Sie hat teilweise die typischen dornförmigen Fortsätze auf dem Gehäuse, die Oberfläche kann aber auch glatt sein. Die Geweihschnecke ist ein Aufwuchsfresser.

Physa sp., die Blasenschnecke, ist eine fleißige kleine Art, die das Aquarium sauber hält und sich um Futterreste und Algenbeläge kümmert. Die größten Vertreter der Gattung werden einen Zentimeter lang. An Pflanzen gehen die Schnecken nicht.

ydrocotyle tripartita, der Dreieilige Wassernabel, ist mit seinen leeblattähnlichen, frisch hellgrünen lättern und kriechenden Stängeln ußerordentlich dekorativ. Bei viel Licht vächst die Pflanze kriechend.

Hemianthus callitrichoides „Cuba", das Kubanische Zwergperlkraut, ist eine hellgrüne kleinblättrige Stängelpflanze für den Vordergrund. Wichtig für gutes Wachstum sind gutes Licht und eine ordentliche CO_2-Versorgung.

Eleocharis pusilla, die Zwergnadelsimse, stammt aus Australien und Neuseeland und besiedelt dort Feuchtgebiete. Die feine hellgrüne Graspflanze wird nur sechs Zentimeter hoch, eine optimale Vordergrundpflanze für Nano-Aquarien.

axiphyllum barbieri ist ein anspruchsoses Moos, das bei viel Licht und CO_2 ehr dicht wächst, aber auch gut in chattigen Bereichen verwendet werden ann. Man kann das vielfältig verwendare Moos auf Steine oder Wurzeln im quarium aufbinden oder einfach daauf festkleben.

Minilandschaft oder auch Ryuoh beziehungsweise Seiryu genannt, ist mit seiner grauen Farbe und interessanten Struktur ein Gestein, welches die Illusion eines rauen Felsmassivs oder felsiger Berge aufkommen lässt. Seiryu/Ryuoh ist leicht kalkhaltig und härtet weiches Wasser minimal auf.

Aktiver Soil wird aus natürlichen Erden hergestellt. Frischer Soil senkt aktiv die Karbonathärte des Wassers und bietet den Pflanzen eine besonders gute Nährstoffversorgung. Außerdem stellt er eine natürliche Quelle wertvoller Humin- und Fulvosäuren dar, ohne das Wasser zu färben.

30 Liter Nano – Homage to Bob Ross

In diesem etwas ausgefallenen Layout steht im Mittelpunkt ein Totenschädel mit einer Frisur, die stark an die von Bob Ross erinnert, den bekannten US-amerikanischen „Maler des Lichts", daher habe ich das Layout nach ihm benannt.
Die „Frisur" wird durch das bisher noch nicht bis zur Art bestimmte „Flame Moss" *Taxiphyllum* sp. gebildet, das ich mit Pflanzenkleber auf dem Totenkopf befestigte und sicherheitshalber zusätzlich noch einmal mit einem dafür geeigneten Faden umwickelte. Doppelt hält schließlich besser!
In diesem Nano lasse ich die Pflanzen einfach wachsen, ohne sie besonders häufig zu trimmen. So erreiche ich eine etwas wildere, ursprünglichere Dschungel-Atmosphäre.
Das Einzige, was durch einen regelmäßigen Rückschnitt in Form gebracht wird, ist die Moosfrisur von Bob Ross.

Boraras maculatus, der Zwergbärbling, ebt auf Sumatra in stehenden und langam fließenden, stark verkrauteten Gevässern. Seine geringe Größe von 2 bis 3 Zentimetern macht ihn zu einem guten Beifisch für Weichwassergarnelen.

Hyphessobrycon amandae, der Feuertetra, Feuersalmler oder Funkensalmler, stammt ursprünglich aus dem Mato Grosso in Brasilien, Südamerika. Dort lebt er in kleinen Bächen in weichem, leicht saurem Weißwasser.

Caridina multidentata, die Amanogarnele, hat ihr Verbreitungsgebiet im südlichen Teil Zentraljapans, besonders in Flüssen, die in den Pazifik entwässern. Weibliche Amanos können bis 6 cm groß werden, die Männchen bleiben kleiner.

Hydrocotyle tripartita, der hübsche Dreiteilige Wassernabel, ist mit seinen inem Kleeblatt ähnlich gelappten, risch hellgrünen Blättern und kriehenden Stängeln außerordentlich dekorativ. Bei viel Licht wächst die Pflanze kriechend am Boden entlang.

***Hemianthus callitrichoides* „Cuba"**, das Kubanische Zwergperlkraut, ist eine wunderschöne hellgrüne, klein bleibende Stängelpflanze mit runden Blättchen für den Vordergrund. Wichtig für gutes Wachstum sind gutes Licht und eine ordentliche CO_2-Versorgung.

***Taxiphyllum* sp. „Flame"**, das Flammenmoos, kommt aus Südostasien. Der Name bezieht sich auf die besondere Wuchsform: Die aufrecht wachsenden Triebe erinnern an züngelnde Flammen. Flame Moss kann bis zehn Zentimeter hoch werden.

Hygrophila pinnatifida, der attraktive iederspaltige Wasserfreund, ist in der flanzenaquaristik äußerst beliebt, da er o vielfältig einsetzbar ist. Bei viel Licht verden die Blätter rotbraun. Schneidet nan sie kräftig zurück, wächst diese flanze sehr kompakt und wird nicht so och.

Taxiphyllum barbieri ist ein anspruchsloses Moos, das bei viel Licht und CO_2 sehr dicht wächst, aber auch gut in schattigen Bereichen verwendet werden kann. Man kann das vielfältig einsetzbare Moos auf Steine oder Wurzeln im Aquarium aufbinden oder auch ganz einfach darauf festkleben.

Aktiver Soil wird aus natürlichen Erden hergestellt. Frischer Soil senkt aktiv die Karbonathärte des Wassers und bietet den Pflanzen eine besonders gute Nährstoffversorgung. Außerdem stellt er eine natürliche Quelle wertvoller Humin- und Fulvosäuren dar, ohne das Wasser zu färben.

20 Liter Nano – Where are you Eden

„Where are you Eden" lehnt sich an die Vorstellung eines natürlichen Baumes an. Die bunten Garnelen im Layout erinnern optisch an seine Früchte.

Im Handel gibt es zwar kleine fertige Wurzelbäumchen zu kaufen, die man zum Scapen verwenden kann – ich wollte aber lieber meine eigene Version eines Baums erstellen, sodass das Layout noch natürlicher und authentischer wirkt.

Das Grundgerüst besteht aus einigen Spikewurzeln, die ich zusammenklebte. Dank vieler Zwischenräume konnte ich verschiedene Aufsitzerpflanzen in die Baumkrone einfügen.

Immer wieder liest man, Stängelpflanzen gehörten in den Bodengrund. Manche von ihnen funktionieren jedoch auch als Aufsitzerpflanzen, wenn man sie zwischen Moos oder anderes Wurzelwerk steckt.

Neocaridina davidi „Orange Sakura" ist eine Farbform der Rückenstrichgarnele aus Taiwan. Die friedlichen, robusten, vermehrungsfreudigen und anpassungsfähigen Gruppentiere sind für Anfänger zu empfehlen.

***Hygrophila lancea* „Araguaia"** ist erst seit wenigen Jahren im Handel. Die kleinwüchsige Stängelpflanze bildet unter Wasser rotbraune Blätter aus. Sie wächst langsam und eignet sich für den Mittelgrund oder Hintergrund.

Glossostigma elatinoides ist eine zarte, kriechend am Boden wachsende Aquarienpflanze. Für gutes Wachstum braucht das Zungenblatt allerdings viel Licht, CO_2 und eine gute Versorgung mit Nährstoffen.

Staurogyne repens aus Brasilien ist ein Bärenklaugewächs. Die Stängelpflanze ist im Aquascaping sehr beliebt und hat dadurch deutlich mehr Bekanntheit gewonnen. Als Pflanze für den Vordergrund und Mittelgrund ist sie optimal.

Taxiphyllum barbieri ist ein anspruchsloses Moos, das bei viel Licht und CO_2 dicht wächst, aber auch in schattigen Bereichen verwendet werden kann. Das vielfältig einsetzbare Moos wächst gut auf Steinen oder Wurzeln fest.

Eleocharis pusilla, die Zwergnadelsimse, stammt aus Australien und Neuseeland, wo sie häufig Feuchtgebiete besiedelt. Diese Graspflanze wird nur sechs Zentimeter hoch und ist damit optimal als Vordergrundpflanze geeignet.

Hygrophila pinnatifida, der attraktive Fiederspaltige Wasserfreund, ist in der Pflanzenaquaristik äußerst beliebt, da er so vielfältig einsetzbar ist. Bei viel Licht werden die Blätter rotbraun. Schneidet man sie kräftig zurück, wächst diese Pflanze sehr kompakt und wird nicht so hoch.

Spikewood ist einzigartig; jedes Stück ist ein Unikat. Das eher dunkle, stark verzweigte Holz ist fürs Aquascaping besonders attraktiv, da man damit verwitterte Baumstümpfe oder Wurzeln im Waldboden darstellen kann, auf denen Farne, Moose und andere Aufsitzer wachsen können.

Aktiver Soil wird aus natürlichen Erden hergestellt. Frischer Soil senkt aktiv die Karbonathärte des Wassers und bietet den Pflanzen eine besonders gute Nährstoffversorgung. Außerdem stellt er eine natürliche Quelle wertvoller Humin- und Fulvosäuren dar, ohne das Wasser zu färben.

10 Liter Nano – Grazing in the Hills

Die grünen, hügeligen Weiten des Wilden Westens, wo die Bisons grasen, waren meine Inspiration für dieses Layout.

Naheliegend wäre gewesen, als Pflanze für den Vordergrund die Zwergnadelsimse *Eleocharis pusilla* zu verwenden; das habe ich aber schon so oft gemacht, dass ich dieses Mal etwas anderes ausprobieren wollte. Ich entschied mich daher für Schwimmendes Teichlebermoos *Riccia fluitans*. Es ist immer eine Herausforderung, *Riccia* am Boden zu halten – vor allem, weil die Pflanze bei viel Licht stark perlt und schon alleine dadurch nach oben geht. Mit Pflanzenkleber lässt sie sich aber gut auf Steine aufkleben und bleibt dann auch zuverlässig unten.

Der Fiederspaltige Wasserfreund ist durch viel Licht rot geworden und wirkt wie Herbstbäume auf den Felsen.

***leocaridina davidi* „Bloody Mary"** ist ine Variante der Rückenstrichgarnele us Taiwan. Die friedlichen, robusten nd vermehrungsfreudigen, anpassungsähigen Gruppentiere sind auch für Anänger zu empfehlen.

Clithon flavovirens bezeichnet man auch als Geweihschnecke oder Hörnchenschnecke. Sie hat teilweise die typischen dornförmigen Fortsätze auf dem Gehäuse, kann aber auch glatt sein. Diese Geweihschnecke ist ein Aufwuchsfresser.

***Bucephalandra* sp. „Wavy Leaf"** ist eine Aufsitzerpflanze. In der Natur auf Borneo/Indonesien wächst sie auf Steinen und Wurzeln teils über, teils unter Wasser. Sie wird im Aquarium am besten aufgebunden kultiviert.

lygrophila pinnatifida, der attraktive iederspaltige Wasserfreund, ist äuerst beliebt, da er vielfältig einsetzbar st. Bei viel Licht werden die Blätter rotraun. Schneidet man sie kräftig zurück, vächst die Pflanze kompakt und wird icht so hoch.

Riccia fluitans, das hellgrüne, fein strukturierte Teichlebermoos, hat praktisch weltweit Vorkommen in warmen Gewässern. Im Aquarium lässt sich *Riccia* als Schwimmpflanze oder auf Wurzeln oder Steine aufgebunden im Aquarienvordergrund kultivieren.

Minilandschaft, auch Ryuoh beziehungsweise Seiryu genannt, ist mit seiner grauen Farbe und interessanten Struktur ein Gestein, das an raue Felsmassive oder felsige Berge denken lässt. Seiryu/Ryuoh ist leicht kalkhaltig und härtet weiches Wasser minimal auf.

ktiver Soil wird aus natürlichen Erden ergestellt. Frischer Soil senkt aktiv die arbonathärte des Wassers und biet den Pflanzen eine besonders gute ährstoffversorgung. Außerdem stellt r eine natürliche Quelle wertvoller umin- und Fulvosäuren dar, ohne das Vasser zu färben.

10 Liter Nano – Waving the Flag

Eine Gruppe *Neocaridina davidi* „Deutschlandmix" legte die Grundidee für dieses Layout. Die Garnelen in den Farben Rot, Gelb und Schwarz gehören derselben Art an und könnten sich untereinander vermehren. Daher setzte ich bewusst nur Weibchen ein, um die bei diesem Farbmix im Nachwuchs auftretenden farblosen oder wildfarbenen Tiere zu vermeiden.
Die Lebenserwartung dieser Garnelen beträgt ungefähr 1,5 bis 2 Jahre, sodass man eine ganze Weile Freude an den bunten Tieren im Scape haben kann.

Das Kubanische Zwergperlkraut fungiert in diesem Scape als Vordergrundpflanze und Spielwiese für die Garnelen. Es wächst dicht, erlaubt aber immer einen Blick auf die Population.
Das Spikewood klebte ich mit Hardscape-Kleber aus drei Wurzeln zusammen und ließ dabei Zwischenräume, in die ich Moose und Stängelpflanzen steckte.
An Stellen mit besonders dicht wachsendem Moos lassen sich die Stängelpflanzen auch oberhalb des Bodengrunds in die Polster einsetzen.

***Neocaridina davidi* „Mix"**. Da diese robusten Garnelen einer Art angehören, kann man sie zusammen im Aquarium pflegen. Der Nachwuchs wäre allerdings zum größten Teil transparent oder wildfarben, daher setze ich nur Weibchen ein.

Hemianthus glomeratus ist eine zierliche Pflanze von der Ostküste Nordamerikas. Sie wird bis 30 Zentimeter hoch und ist ideal im Hintergrund eines Nano-Aquariums. Wenn man sie häufig schneidet, wächst sie kompakter.

***Hemianthus callitrichoides* „Cuba"**, das Kubanische Zwergperlkraut, ist eine wunderschöne kleinblättrige Stängelpflanze für den Vordergrund. Wichtig für gutes Wachstum sind gutes Licht und eine ordentliche CO_2-Versorgung.

Taxiphyllum barbieri ist ein anspruchsloses Moos, das bei viel Licht und CO_2 sehr dicht wächst, aber auch in schattigen Bereichen verwendet werden kann. Man kann das vielfältig einsetzbare Moos auf Steinen oder Wurzeln im Aquarium befestigen.

Staurogyne repens ist ein Bärenklaugewächs aus Brasilien. Die relativ neue Stängelpflanze ist im Aquascaping sehr beliebt und hat dadurch deutlich mehr Bekanntheit gewonnen. Als Vordergrund- und Mittelgrundpflanze ist sie fürs Nano-Aquarium optimal.

Eleocharis pusilla, die Zwergnadelsimse, stammt aus Australien und Neuseeland und besiedelt dort Feuchtgebiete. Die feine hellgrüne Graspflanze ist optimal als Vordergrundpflanze für Nano-Aquarien geeignet. Sie wird meist nicht über sechs Zentimeter hoch.

Hygrophila pinnatifida, der attraktive fiederspaltige Wasserfreund, ist in der Pflanzenaquaristik äußerst beliebt, da er so vielfältig einsetzbar ist. Bei viel Licht werden die Blätter rotbraun. Schneidet man sie kräftig zurück, wächst diese Pflanze sehr kompakt und wird nicht so hoch.

Spikewood ist einzigartig; jedes dieser Stücke ist ein Unikat. Dieses eher dunkle, stark verzweigte Holz ist fürs Aquascaping besonders attraktiv, da man damit verwitterte Baumstümpfe oder Wurzeln im Waldboden darstellen kann, auf denen Farne, Moose und andere Aufsitzer wachsen können.

Aktiver Soil wird aus natürlichen Erden hergestellt. Frischer Soil senkt aktiv die Karbonathärte des Wassers und bietet den Pflanzen eine besonders gute Nährstoffversorgung. Außerdem stellt er eine natürliche Quelle wertvoller Humin- und Fulvosäuren dar, ohne das Wasser zu färben.

30 Liter Nano – Forever Dark Woods

Dieses Nano-Aquarium gestaltete ich speziell für die orangefarbenen *Neocaridina davidi*. Das dunkelgrüne, kompakt wachsende Moos steht in einem guten Kontrast zur leuchtenden Farbe der Garnelen.

Der Aufbau aus brauner Lava ist unter dem Moos nicht mehr zu sehen – dennoch hält die Steinstruktur den „Hügel" im Inneren zusammen und aufrecht. Mit Soil alleine wäre diese Form nicht möglich, die Soilkörnchen würden zu stark rutschen.

Zwischen den Lavasteinen bleibt eine Menge Platz für Soil und eine üppige Bepflanzung. Die hier verwendete Grüne Rotala wächst unter der Zugabe von CO_2 sehr schnell, sodass man die attraktive Stängelpflanze jede Woche zurückschneiden sollte.

***leocaridina davidi* „Orange Sakura"** st eine Farbform der Rückenstrichgarnele aus Taiwan. Die friedlichen, robusen, vermehrungsfreudigen und anpassungsfähigen Gruppentiere sind für Anfänger zu empfehlen.

Hygrophila pinnatifida, der attraktive Fiederspaltige Wasserfreund, ist sehr beliebt, da er vielfältig einsetzbar ist. Bei viel Licht werden die Blätter rotbraun. Schneidet man sie kräftig zurück, wächst die Pflanze sehr kompakt.

***Rotala* sp. „Green"** ist eine bisher unbestimmte Stängelpflanze. Sie lässt sich im Aquarium gut halten und wächst auch ohne CO_2 ziemlich gut. Schneidet man sie oft, wächst sie sehr dicht. Gut geeignet für den Hintergrund.

Hydrocotyle tripartita, der hübsche Dreiteilige Wassernabel, lässt sich mit einen kleinen, kleeblattähnlich gelappten, frisch hellgrünen Blättern und den niederliegenden Stängeln außerordentlich dekorativ im Aquarium verwenden. Bei viel Licht wächst die Pflanze am Boden entlang.

Taxiphyllum barbieri ist ein anspruchsloses Moos, das bei viel Licht und CO_2 sehr dicht wächst, aber auch gut in schattigen Bereichen verwendet werden kann. Man kann das vielfältig einsetzbare Moos auf Steine oder Wurzeln im Aquarium aufbinden oder einfach darauf festkleben.

Eleocharis pusilla, die Zwergnadelsimse aus Australien und Neuseeland, besiedelt Feuchtgebiete. Die hellgrüne Graspflanze ist optimal als Vordergrundpflanze für Nano-Aquarien geeignet, da sie nur in seltenen Fällen über sechs Zentimeter hoch wird und einen Rückschnitt gut verträgt.

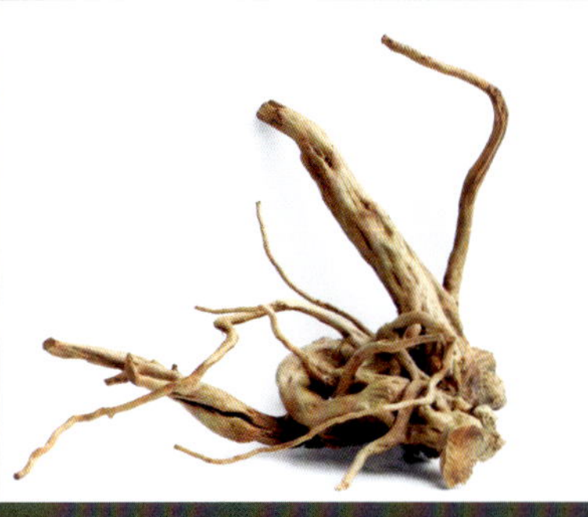

Spikewood ist einzigartig; jedes der Stücke ist ein Unikat. Das eher dunkle, stark verzweigte Holz ist fürs Aquascaping besonders attraktiv, da man damit verwitterte Baumstümpfe oder Wurzeln im Waldboden darstellen kann, auf denen Farne, Moose und andere Aufsitzer wachsen können.

Braune Lavasteine sind besonders leicht und einfach zu verbauen. Sie verhalten sich neutral im Wasser und beeinflussen die Härte nicht. Die poröse Oberfläche lässt sich gut bepflanzen und ist ein Paradies für Aufwuchsfresser wie Garnelen, die den hier entstehenden Biofilm gerne abweiden.

Aktiver Soil wird aus natürlichen Erden hergestellt. Frischer Soil senkt aktiv die Karbonathärte des Wassers und bietet den Pflanzen eine besonders gute Nährstoffversorgung. Außerdem stellt er eine natürliche Quelle wertvoller Humin- und Fulvosäuren dar, ohne das Wasser zu färben.

30 Liter Nano – Red on the Green Hills

Die Farbe Grün wirkt beruhigend und harmonisierend. Der Blick ins Grüne strengt unsere Augen niemals an! Grün ist für mich die Farbe der Natur. Sie steht für Gesundheit, Vitalität, naturnahen Lebensstil, für Sicherheit, Nachhaltigkeit, Hoffnung und Kreativität. Bei der Farbtherapie wird Grün zum Beispiel gegen Liebeskummer oder Trauer eingesetzt.

Für dieses Scape verwendete ich eine intensiv hellgrüne Vordergrundpflanze als Leitpflanze, die von den oberen Hügeln bis nach unten wächst und durch ihren kompakten Wuchs sehr homogen wirkt. Man könnte fast sagen, dass es in diesem Layout eigentlich nur eine einzige Pflanzenart und mit der hellbraunen Lava auch nur eine Gesteinsart gibt. Die Zwergnadelsimse *Eleocharis pusilla* und das Teichlebermoos *Riccia fluitans* setzen nur kleine Akzente in dem vom Kubanischen Zwergperlkraut dominierten Layout.

Zu viel Rot macht uns dagegen unruhig. Wenn es wie hier akzentuiert eingesetzt wird, wirkt es jedoch anregend und sorgt für Aufmerksamkeit.

***Neocaridina davidi* „Bloody Mary"** st eine Farbform der transparenten Wildform der Rückenstrichgarnele aus Taiwan. Die friedlichen Gruppentiere sind auch für Anfänger zu empfehlen, da sie leicht zu vermehren sind und wenig Ansprüche ans Wasser stellen.

Danio tinwini, der Zwerg-Leopardbärbling, erreicht 3 bis 3,5 Zentimeter Größe. Der schnelle Schwimmer ist ein sehr friedlicher Fisch, der sich gut mit anderen Fischen oder Garnelen vergesellschaften lässt. Am besten pflegt man die geselligen Bärblinge in einer kleinen Gruppe.

Clithon flavovirens bezeichnet man auch als Geweih- oder Hörnchenschnecke. Sie hat teilweise die typischen dornförmigen Fortsätze auf dem Gehäuse, es kann aber auch glatt sein. Diese Geweihschnecke ist ein Aufwuchsfresser und kümmert sich um Algenbeläge und Biofilme.

***Hemianthus callitrichoides* „Cuba"**, das Kubanische Zwergperlkraut, ist eine wunderschöne hellgrüne kleine Stängelpflanze für den Vordergrund. Wichtig für gutes und vor allem kompaktes Wachstum sind gutes Licht und eine ordentliche CO_2-Versorgung.

Riccia fluitans, das hellgrüne, fein strukturierte Teichlebermoos, findet man praktisch weltweit in warmen Gewässern. Im Aquarium kann man *Riccia* als Schwimmpflanze oder auf Wurzeln oder Steine im Aquarienvordergrund aufgebunden kultivieren.

Eleocharis pusilla, die Zwergnadelsimse, stammt aus Australien und Neuseeland und besiedelt dort Feuchtgebiete. Die feine hellgrüne Graspflanze ist optimal als Vordergrundpflanze für Nano-Aquarien geeignet, da sie nur in seltenen Fällen über sechs Zentimeter hoch wird.

Hellbraune Lavasteine sind besonders leicht und einfach zu verbauen. Sie beeinflussen die Wasserhärte nicht. Die poröse Oberfläche ist ein Paradies für Aufwuchsfresser wie Garnelen, die den hier entstehenden Biofilm gerne abweiden. Die Steine für dieses Layout stammen aus der Türkei.

Aktiver Soil wird aus natürlichen Erden hergestellt. Frischer Soil senkt aktiv die Karbonathärte des Wassers und bietet den Pflanzen eine besonders gute Nährstoffversorgung. Außerdem stellt er eine natürliche Quelle wertvoller Humin- und Fulvosäuren dar, ohne das Wasser zu färben.

30 Liter Nano – The Red Element

Normalerweise verwende ich für meine Nano-Layouts nur wenige Pflanzenarten, um zu vermeiden, dass die Gestaltung zu unruhig wirkt. Auch in der Natur finden wir oft nur wenige Pflanzenarten zusammen an einem Standort.

Die Herausforderung hier war also, etliche verschiedene Pflanzen so unter einen Hut zu bringen, dass das Aquascape dennoch harmonisch wirkt.

Rote und orangefarbene Stängelpflanzen wirken hier als Kontrastpunkte. Die Rote Ludwigie steht mit ihrer kräftigen Färbung im Mittelpunkt. Die gelb-orangefarbene *Ammania* und die rötliche *Rotala rotundifolia* sorgen für einen harmonischen Übergang zum Hintergrund.

Die Fische und Garnelen sind oft gar nicht zu sehen, da sie sich gut im dichten Pflanzenwuchs verstecken können.

Hyphessobrycon amandae, der Feuertetra, Feuersalmler oder Funkensalmler, stammt aus dem Mato Grosso in Brasilien, Südamerika, aus kleinen Bächen mit weichem, leicht saurem Weißwasser.

Neocaridina davidi „Sakura" ist eine Farbform der Wildform aus Taiwan. Die friedlichen, robusten und vermehrungsfreudigen Gruppentiere sind auch für Anfänger zu empfehlen.

Limnophila sessiliflora ist eine in Asien weit verbreitete Stängelpflanze mit Fiederblättern. Die grazile Pflanze für den Hintergrund wächst gut und kann eine Höhe bis 50 Zentimeter erreichen.

Rotala rotundifolia ist schon seit sehr vielen Jahren in der Aquaristik bekannt. Die Stängelpflanze ist als Hintergrundpflanze dank ihres guten und schnellen Wachstums und ihrer schönen Farbe ideal.

Ammania gracilis ist eine farbenprächtige Stängelpflanze, die im Nano-Aquarium im Mittel- oder Hintergrund wachsen kann. Die Große Cognacpflanze stammt aus Westafrika, wächst schnell und kann bis 60 Zentimeter hoch werden.

Eleocharis pusilla, die Zwergnadelsimse, stammt aus Australien und Neuseeland und besiedelt dort Feuchtgebiete. Die feine hellgrüne Graspflanze ist optimal als Vordergrundpflanze für Nano-Aquarien geeignet.

Ludwigia repens „Rubin" gehört zu den schönsten Aquarienpflanzen überhaupt. Die kräftige Rotfärbung kann man mit gutem Licht und einer ordentlichen CO_2-Düngung fördern. Als Mittel- oder Hintergrundpflanze ideal.

Staurogyne repens ist ein eher niedrig wachsendes Bärenklaugewächs aus Brasilien. Die relativ neue Stängelpflanze ist im Aquascaping sehr beliebt. Als Vordergrund- und Mittelgrundpflanze ist sie optimal.

Lobelia cardinalis „Mini" ist als Zwergform der Kardinalslobelie wie fürs Nano-Aquarium gemacht. Die schnittverträgliche Pflanze wächst bis 15 Zentimeter hoch und kann somit wunderbar im Mittelgrund verwendet werden.

Fontinalis hypnoides ist auf der nördlichen Erdhalbkugel weit verbreitet und kommt sogar in Deutschland vor. Da das Quellmoos sehr gut wächst, kann man es des Öfteren zurückschneiden, dann wird es kompakter.

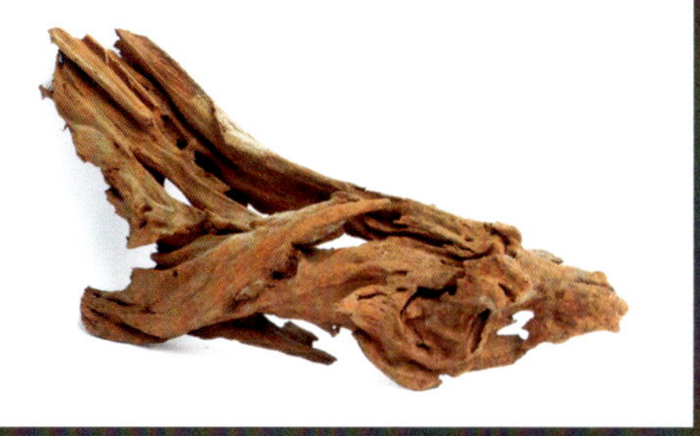

Braune Moorwurzeln sind die wohl bekanntesten Aquarienwurzeln. Moorwurzeln tragen dazu bei, dass ein Layout im Aufbau besonders spannend wirkt. Sie eignen sich auch hervorragend als Untergrund für Moose oder Aufsitzerpflanzen.

Aktiver Soil aus natürlichen Erden senkt aktiv die Karbonathärte des Wassers, versorgt die Pflanzen mit Nährstoffen und ist eine natürliche Quelle wertvoller Humin- und Fulvosäuren, ohne das Wasser zu färben.

30 Liter Nano – Home of the Brave

Der schwebende Wurzel- und Pflanzenberg ist das Zuhause eines männlichen *Betta splendens* „Plakat Koi". Für dieses Scape band ich mehrere Spikewurzeln zusammen und setzte in die Spalten Aufsitzerpflanzen wie die Javafarn-Sorte „Trident", das Zwergspeerblatt *Anubias barteri* var. *nana* und diverse Moose, teils auch aufgebunden. Die Wurzeln stützen sich auf Seiryu-Steine, die dem Layout Stabilität geben.

In das dichte Moos der Oberseite setzte ich Stängelpflanzen wie *Rotala rotundifolia*, die durch das direkte Licht eine attraktive rötliche Farbe angenommen hat.
Zwar ist der Bodengrund aus weißem Sand recht hell, gleichzeitig ist aber der dichte Pflanzenwuchs ein Schattengarant für den *Betta*, der in seiner Heimat in verkrauteten Gewässern vorkommt und kein zu helles Licht mag.

***Betta splendens* „Plakat"** ist eine farbenfrohe, kurzflossige Zuchtvariante des bekannten und beliebten Siamesischen Kampffisches (*Betta splendens*), der zu den Labyrinthfischen gehört und atmosphärische Luft atmen kann.

Caridina multidentata, bekannt als Amanogarnele, hat ihr Verbreitungsgebiet im südlichen Teil Zentraljapans, besonders in Flüssen, die in den Pazifischen Ozean entwässern. Weibliche Amanos können bis sechs Zentimeter groß werden.

Clithon flavovirens bezeichnet man auch als Geweihschnecke oder Hörnchenschnecke. Sie hat teilweise die typischen dornförmigen Fortsätze auf dem Gehäuse, kann aber auch glatt sein. Die Geweihschnecke ist ein Aufwuchsfresser.

***Microsorum pteropus* „Trident"** ist eine beliebte Javafarn-Sorte. Wie die Stammform ist auch der Dreizackige Javafarn anspruchslos und pflegeleicht. Er wird als Aufsitzer auf Wurzeln oder Steinen kultiviert und nicht in den Boden eingepflanzt.

Rotala rotundifolia ist schon seit sehr vielen Jahren in der Aquaristik bekannt. Die Stängelpflanze ist als Hintergrundpflanze dank ihres guten und schnellen Wachstums und ihrer schönen Farbe ideal. Ein regelmäßiger Rückschnitt sorgt für kompakten Wuchs.

Taxiphyllum barbieri ist ein anspruchsloses Moos, das bei viel Licht und CO_2 sehr dicht wächst, aber auch gut in schattigen Bereichen verwendet werden kann. Man kann das vielfältig einsetzbare Moos auf Steinen oder Wurzeln im Aquarium kultivieren.

Anubias barteri* var. *nana ist auch als Zwergspeerblatt bekannt. Sie gehört zu den beliebtesten Aquarienpflanzen. Die kleine robuste Aufsitzerpflanze braucht wenig Pflege, wächst sehr langsam und gedeiht auch bei wenig Licht. *Anubias* wird nicht in den Bodengrund gesetzt, sondern auf Wurzeln oder Steine gepflanzt.

Minilandschaft, auch Ryuoh oder Seiryu, weckt mit seiner Farbe und Struktur die Illusion eines rauen Felsmassivs. Der Stein ist leicht kalkhaltig und härtet weiches Wasser minimal auf. **Spikewood** ist einzigartig. Das stark verzweigte Holz ist besonders attraktiv und kann mit Farnen, Moosen und anderen Aufsitzern schön bepflanzt werden.

Weißer Beach Sand ist ein schneeweißer, superfeiner Bodenbelag aus natürlichem Quarzsand. Der feine Sand verhält sich wasserneutral, beeinflusst also die Wasserhärte nicht. Beach Sand lässt sich im Nano-Aquarium wunderbar nutzen, um spannende Farbkontraste im Aquarienlayout zu schaffen und die Stimmung innerhalb der Gestaltung aufzulockern.

Die ersten Schuppenträger sollten frühestens nach drei Wochen ins Aquarium gesetzt werden. Viele Fische funktionieren in unserem Mini-Biotop zwar ebenfalls im Zusammenspiel mit Zwerggarnelen, oft aber bleibt der Nachwuchs der Wirbellosen dabei auf der Strecke: Junggarnelen sind für fast alle Fische eine Delikatesse. Wer reichlich Garnelennachwuchs haben möchte, entscheidet sich daher oft für ein reines Wirbellosenaquarium und wird nicht enttäuscht. Auch hier ist ordentlich „Leben in der Bude". Meine Lieblings-Nanofische stelle ich auf den nächsten Seiten vor. Es gibt noch weitaus mehr infrage kommende Arten, mit den hier gezeigten Fischen habe ich jedoch eigene Erfahrungen gemacht.

BORARAS BRIGITTAE

Poecilia wingei

Endler-Guppy

Der Endler-Guppy kommt in Süßwasser in den Lagunen von Campoma und Buena Vista bei Carupano im Nordosten Venezuelas vor. Die Laguna de Patos (die Typuslokalität der Art) war ursprünglich ein Brackwassersee, der durch eine Sandbank vom Meer abgeschnitten wurde. Im Laufe der Zeit wurde das Wasser durch Abfluss und Regen verändert; mittlerweile ist der See ausgesüßt. Heute gilt der Fisch hier als ausgestorben, da neben dem See eine Mülldeponie errichtet wurde und das Wasser seitdem verschmutzt ist.

Der Endler-Guppy ist ein Allesfresser, der sämtliche im Handel angebotenen Futtersorten gerne annimmt. Wichtig: Das angebotene Futter sollte immer auch einen vegetarischen Anteil enhalten.

Endler lassen sich mit anderen kleinen friedlichen Arten wie Zwergpanzerwelsen, Garnelen, kleineren Regenbogenfischen wie *Iratherina werneri* oder *Pseudomugil* sp. und friedlichen Salmlern vergesellschaften. Während die Männchen untereinander friedlich sind, können sich die Weibchen recht territorial verhalten, sodass mehrere Tiere gehalten werden sollten, um potenzielle Dominanz zu verteilen. Sie sollten nicht mit Guppys vergesellschaftet werden, da sich die Arten kreuzen können.

Poecilia wingei kommt dem Aussehen einiger Populationen des wilden Guppys sehr nahe, obwohl ein Großteil seiner natürlichen Variabilität durch Inzucht im Hobby verloren gegangen ist. Mehrere naturnahe Morphen sind jedoch noch verfügbar.

Männchen bis 2,5 cm, Weibchen bis 4,5 cm. Temperatur: 24–30 °C, pH: 7,0–8,5

Boraras merah

Goldfleck-Zwergbärbling

Dieser Zwergbärbling ist offenbar im südlichen Borneo endemisch. Die Typusexemplare wurden im Flussgebiet des Jelai Bila bei Nataik Sedawak gesammelt, in der Nähe der Stadt Sukamara in der indonesischen Provinz Kalimantan Tengah. Die Gewässer hier sind meist Torfsümpfe oder Schwarzwasserbäche. Das Wasser ist dank des hohen Huminstoffgehalts teebraun gefärbt. Huminstoffe werden durch die Zersetzung von organischem Material im mit abgefallenen Blättern, Zweigen und Ästen übersäten Substrat freigesetzt.

Am besten pflegt man den Goldfleck-Zwergbärbling in dicht bepflanzten Aquarien mit einer Decke aus Schwimmpflanzen, die das Licht dämpfen. Die Filterströmung sollte nicht zu stark sein, da er aus seinem Habitat kaum Strömung kennt.

Ein weiches, sandiges Substrat ist die beste Wahl. Wurzeln und Äste sollten so platziert werden, dass viele schattige Stellen entstehen. Wasserpflanzen, die unter solchen Bedingungen überleben können, sind zum Beispiel der Javafarn (*Microsorum pteropus*), Javamoos (*Taxiphyllum barbieri*) oder Cryptocorynen.

Wie andere *Boraras*-Arten ist der Goldfleck-Zwergbärbling ein Mikroprädator, der sich in der Natur von winzigen Insekten, Würmern, Krustentieren und anderem feinem Zooplankton ernährt. Im Aquarium nimmt er Trockenfutter in geeigneter Größe an, sollte aber nicht ausschließlich damit gefüttert werden. Tägliche Mahlzeiten mit kleinem lebendem und gefrorenem Futter wie Daphnien, Artemien sowie Flocken und Granulat von guter Qualität führen zu einer optimalen Färbung und fördern die Fortpflanzungsfähigkeit der Fische.

Größe: bis 2,5 cm. Temperatur: 20–28 °C, pH: 4,5–7,5

Pseudepiplatys annulatus

Ringelhechtling

Der Ringelhechtling aus Afrika ist in den Küstenebenen im südlichen Guinea und Sierra Leone weit verbreitet und kommt auch in Nordwest-Liberia vor. Die Art lebt in Tieflandsümpfen, langsam fließenden Bächen und kleinen Flüssen in der offenen Savanne und im tropischen Regenwald inmitten von Randvegetation oder Wasserpflanzen. Meist findet man sie in reinem Süßwasser, manchmal auch in leicht brackigem Wasser. Im Allgemeinen ist das Wasser im Habitat warm, weich und sauer.

Wie bei allen Hechtlingen ist der Körper schlank. Ringelhechtlinge verweilen fast ausschließlich an der Wasseroberfläche, wo sie auf Anflugnahrung wie Mücken oder andere Insekten warten. Die Art ist sehr friedlich – wobei die Männchen sich schon mal harmlose Imponierkämpfe liefern.

Das Aquarium für diese Fische sollte keine allzu helle Beleuchtung haben und möglichst eine Decke aus Schwimmpflanzen. Eine Abdeckscheibe ist notwendig, da Ringelhechtlinge gerne springen. Man pflegt sie in kleinen Gruppen von zwei bis drei Männchen und doppelt so vielen Weibchen.

Grundsätzlich lässt sich die Art im Aquarium vermehren, wenn keine Laichräuber im Becken sind. Die sehr kleinen Eier werden in feine Wasserpflanzen gelegt. Die Jungfische schlüpfen abhängig von der Temperatur nach etwa zehn Tagen. Die etwa drei Millimeter langen Ringelhechtlinge können noch keine frisch geschlüpften Artemien bewältigen, weshalb sie mit Infusorien gefüttert werden. Die Eltern stellen ihren Jungen normalerweise nicht nach, weshalb auch ohne Abfischen der kleinen Hechtlinge immer wieder Jungfische bei den Alten groß werden.

Größe: bis 2,5 cm. Temperatur: 20–28 °C, pH: 4,5–7,5

Boraras naevus

Erdbeerbärbling

Erdbeerbärblinge kommen auf Borneo und Sumatra sowie in Malaysia und Kambodscha vor. Die Art wurde erst 2011 wissenschaftlich beschrieben. Vor der Erstbeschreibung waren die Fische als *Boraras micros* „Red" im Handel bekannt. Der Erdbeerbärbling hat seinen Namen, weil die adulten Männchen neben einem dunkelblauen Fleck eine schön rote Färbung zeigen. Die Weibchen sind deutlich blasser gefärbt als die Männchen und etwas größer, was die Unterscheidung der Geschlechter recht einfach macht.

Boraras naevus ist ausgesprochen friedlich und wird nur 1,5 bis 2,5 Zentimeter lang. Im Aquarium hat die Art eine erstaunliche Lebenserwartung von bis zu zehn Jahren.

Die Nachzucht hat sich bisher als nicht einfach herausgestellt. Zwischen den feinen Pflanzen des Aquariums legt das Weibchen seine Eier ab. Sie sinken dann auf den Boden, wo sie vom Männchen befruchtet werden. Die Elterntiere betreiben keine Brutpflege, sie verspeisen die Eier sogar, wenn sie diese finden. Eine dichte Bodenbepflanzung ist also für die Zucht hilfreich. Auch Garnelen fressen den Laich gern. Zur Zucht sollte man die Erdbeerbärblinge am besten in einem Artenaquarium pflegen. Anfangs kann man die Jungtiere mit Staubfutter und später mit *Artemia*-Nauplien füttern.

Erdbeer-Zwergbärblinge können mit kleinen friedlichen Fischarten und vor allem mit Garnelen vergesellschaftet werden. Da sich *Boraras naevus* im Schwarzwasser besonders wohl fühlt, sollte man bei einer Vergesellschaftung darauf achten, dass andere Bewohner dieses ebenfalls bevorzugen.

Größe: bis 2,5 cm. Temperatur: 24–28 °C, pH: 5–7,5

Boraras maculatus

Zwergbärbling

Das Verbreitungsgebiet des Zwergbärblings erstreckt sich vom Bundesstaat Johor im Süden der malaiischen Halbinsel bis nach Südthailand, Ostsumatra, Singapur und die Insel Bintan in der Provinz Riau in Indonesien. Die Art bewohnt langsam fließende oder stehende Schwarzgewässer. Das Wasser ist durch die Freisetzung von Huminstoffen aus der Zersetzung von organischem Material ziemlich dunkel gefärbt, der Bodengrund mit abgefallenen Blättern, Zweigen und Ästen übersät.

Da Zwergbärblinge in der Natur in großen Schwärmen vorkommen, sollte man sie auch im Aquarium in einer Gruppe von mindestens zehn Tieren pflegen. Ausgewachsene Weibchen haben einen deutlich runderen Bauch und sind oft etwas größer als Männchen. Die Männchen sind im Allgemeinen schöner gefärbt, wobei dominante Männchen oft eine noch intensivere Färbung aufweisen.

Magenuntersuchungen wild lebender Exemplare haben ergeben, dass der Zwergbärbling ein Mikrojäger ist, der sich von winzigen Insekten, Würmern, Krustentieren und anderem Zooplankton ernährt. Im Aquarium nimmt er Trockenfutter in geeigneter Größe an, sollte aber nicht ausschließlich damit gefüttert werden. Tägliche Mahlzeiten mit kleinem Lebend- und Frostfutter wie Daphnien, Artemien und dergleichen führen zu einer optimalen Ausfärbung und fördern die Fortpflanzungsfähigkeit.

Die Art ist sehr friedlich und lässt sich am besten mit anderen Nanofischen vergesellschaften. Ich hielt sie erfolgreich mit *Microdevario, Sundadanio, Danionella, Trigonostigma*, Zwerg-*Corydoras* und kleinen Loricariiden wie *Otocinclus*. Auch mit kleinen Wirbellosen gibt es meist keine Probleme. Zwerggarnelen können sich in einem Aquarium mit diesen Fischen sogar vermehren, sofern es gut bepflanzt ist.

Größe: bis 2,5 cm. Temperatur: 22–28 °C, pH: 4,5–7,0

Tanichthys micagemmae

Zwerg-Kardinalfisch

Bis vor einigen Jahren gab es nur eine Art in der Gattung *Tanichthys*, aber im Jahr 2001 kam *T. micagemmae* dazu, der bis zur Beschreibung unter *Tanichthys* sp. „Vietnam" gehandelt wurde, und im Jahr 2018 auch noch *T. kuehnei*. *Tanichthys micagemmae* wurde im Bau Dung River in Zentralvietnam entdeckt. Das Habitat sind die Uferbereiche dieses schnell fließenden Flusses. Die Fische sind meist dort zu finden, wo der Fluss sandigen Bodengrund aufweist.

Zwerg-Kardinalfische sind Schwarmfische, die grundsätzlich in Gruppen ab mindestens acht, besser aber ab zwölf oder mehr Tieren gehalten werden, damit sie ihr Verhalten innerartlich ausleben können.

Untersuchungen haben gezeigt, dass sich der Zwerg-Kardinalfisch hauptsächlich von kleinen Insekten, Würmern und anderen kleinen Wasserbewohnern ernährt. Im Aquarium nimmt er alle Futtersorten, wobei man zusätzlich mindestens einmal pro Woche Frostfutter und Lebendfutter wie Rote, Schwarze und kleine Weiße Mückenlarven, Daphnien oder Artemien füttern sollte.

Adulte Weibchen haben in der Regel einen runderen Bauch und sind oft etwas größer als die schlankeren, farbenprächtigeren Männchen. Wie viele kleine Cypriniden ist die Art ein eierstreuender Dauerlaicher, der keine elterliche Fürsorge zeigt. Gelaicht wird oft direkt unter der Wasseroberfläche zwischen Wasserpflanzenblättern, aber auch in Wurzeln von Schwimmpflanzen oder sogar auf dem Boden. Wenn die Fische in guter Verfassung sind, laichen sie häufig, und wenn eine Gruppe allein in einem dicht bepflanzten Aquarium oder Außenbecken gehalten wird, erscheinen in der Regel ohne weiteres Zutun kleine Mengen an Jungfischen.

Größe: bis 3 cm. Temperatur: 19– 29 °C, pH: 6–7,5

Otocinclus cf. *affinis*

Ohrgitter-Harnischwels

Otocinclus-Arten sind meist in kleinen Nebenflüssen oder langsam fließenden Randzonen größerer Flüsse im Amazonasgebiet von Brasilien, Paraguay bis nach Kolumbien verbreitet. Oft findet man sie in Abschnitten mit im Wasser wachsenden Pflanzen. Sie treten in der Regel in großer Zahl auf, oft inmitten der Vegetation im oberen Teil der Gewässer und auf Substraten nahe der Oberfläche. Der kleine Harnischwels bewohnt dabei sowohl Weißwasser als auch Schwarzwasser.

Die Männchen kann man von den Weibchen anhand der Größe und des Körperbaus unterscheiden. Bei ausgewachsenen Otos ist das Weibchen etwas länger und hat einen dickeren Bauch. Meistens sind die Männchen um die vier Zentimeter und die Weibchen um die fünf Zentimeter groß.

Otocinclus sind keine Anfängerfische, auch wenn das oft behauptet wird. Sie dürfen nicht in ein frisch eingerichtetes Aquarium kommen. Als Aufwuchsfresser sind sie auf Algenbeläge und Biofilme angewiesen. Wer nicht ausreichend Algenbeläge im Aquarium hat, kann mit Grünfuttertabletten Abhilfe schaffen.

Zwar werden Otos oft als gute Algenfresser angepriesen, und *Otocinclus* cf. *affinis* frisst wirklich sehr gut alle möglichen Algenbeläge im Aquarium. Allerdings braucht er auch die Kleinstlebewesen, die sich in der Natur im Aufwuchs befinden. Ich füttere daher mindestens zweimal pro Woche gefrostete Rote Mückenlarven, *Cyclops* oder Daphnien.

Größe: bis 5 cm. Temperatur: 20–25 °C, pH: 6–8

Sundadanio axelrodi

Axelrods Bärblinge

Axelrods Bärblinge haben eine Gesamtlänge von nur zwei bis drei Zentimetern. Die kleinen Schwarmfische eignen sich damit perfekt für Nano- oder Garnelen-Aquarien. Die geselligen Winzlinge sollten in einem Schwarm von 10 bis 20 Tieren gepflegt werden. Im Handel wurden früher blaue, grüne und rote Bärblinge als „*Sundadanio axelrodi*" verkauft. Erst 2011 wurde die Gattung revidiert; mittlerweile gibt es darin acht Arten.

Die Männchen von *Sundadanio axelrodi* unterscheiden sich durch eine intensivere blaue Färbung und eine auffällige dunkle Zone in der Afterflosse von den Weibchen. *Sundadanio gargula* sieht der Art zum Verwechseln ähnlich; die Zierfische unterscheiden sich nur mikroskopisch. Die früher unter *S. axelrodi* „Red" geführten roten *Sundadanio* heißen nun *Sundadanio retiarius*.

Wichtig ist neben einem regelmäßigen Wasserwechsel bei der Haltung dieser Bärblinge auch das Vorhandensein von Huminstoffen im Wasser, beispielsweise durch Erlenzapfen und Seemandelbaumblätter. Axelrods Bärblinge lassen sich gut mit anderen kleinen friedlichen Fischen und auch mit Zwerggarnelen vergesellschaften. In all den Jahren, in denen ich diese Art gepflegt habe, konnte ich nie beobachten, dass sie sich an Garnelenbabys vergriffen hätten.

Futter vom Boden nehmen sie grundsätzlich nicht auf, auch wenn sie noch so hungrig sind. Am besten fressen sie feines Staubfutter, *Artemia*-Nauplien oder Infusorien. Die Eingewöhnung in ein neues Aquarium muss sehr langsam geschehen. Die Fische reagieren auf schnelle Veränderungen sehr empfindlich. Einmal eingewöhnt, sind sie jedoch ziemlich robust.

Größe: 2–3 cm. Temperatur: 23–27 °C, pH: 4,5–7,5

Axelrodia riesei

Roter Pfeffersalmler

Der Rote Pfeffersalmler ist ein echter Minifisch. In der Aquaristik kennen wir ihn auch als Erdbeer- oder Rubinsalmler. Er stammt ursprünglich aus dem Rio-Meta-Flusssystem in Kolumbien, einem Zubringer des Orinoco. Höchstwahrscheinlich kommt er dort nicht in den Hauptflüssen vor, sondern eher in kleineren Bächen. Genaue Erkenntnisse über diese Art fehlen jedoch zurzeit noch. Der Rote Pfeffersalmler ähnelt sehr stark *Axelrodia stigmatias*, wobei dieser weniger Rot zeigt. Dennoch werden die Arten im Handel manchmal verwechselt.

Idealerweise pflegt man die Salmler in einem gut bepflanzten Aquarium mit mindestens acht bis zehn Artgenossen – dann sind sie nicht so scheu und zeigen ihr artspezifisches Verhalten. Dominante Männchen bilden kleine Reviere, die immer wieder neu abgesteckt werden. Adulte Männchen sind intensiver gefärbt und bleiben in der Regel kleiner als die rundlicheren Weibchen.

Eine Vergesellschaftung der friedlichen, eher oberflächenorientierten Salmler mit friedlichen Beifischen ist möglich. Auch mit Zwerggarnelen, Schnecken und Muscheln vertragen sie sich. Da das Mäulchen des Roten Pfeffersalmlers sehr klein ist, ist auch der Garnelennachwuchs weitgehend sicher.

Die Allesfresser nehmen gerne Trockenfutter oder feines Granulat für Nanofische. Ein paarmal pro Woche sollte diese Kost durch sehr feines Lebend- und Frostfutter ergänzt werden. *Artemia*-Nauplien, Daphnien oder *Cyclops* sind gut geeignet. Meine Fische bekommen bei mir drei- bis viermal am Tag kleine Mengen Futter.

Größe: bis 2,5 cm. Temperatur: 23–28 °C, pH: 5,5–7,5

Sundadanio rubellus

Rotstrich-Feuer-Rasbora

Rotstrich-Feuer-Rasbora sind als kleine Schwarmfische die perfekten Bewohner für ein Nano-Aquarium oder Garnelen-Aquarium. Mit grade einmal zwei bis drei Zentimetern können die Winzlinge im Schwarm von 10 bis 20 Tieren gepflegt werden. Die Männchen unterscheiden sich vor allem durch ihre intensivere Farbe sowie durch die schwarze Zone in der Afterflosse von den Weibchen. Der rote Streifen an der Körperseite unterscheidet den Fisch vom Axelrods Bärbling. Rotstrich-Feuer-Rasboren wurden früher neben *Sundadanio retiarius* als *Sundadanio axelrodi* „Red" gehandelt, heißen nun aber *Sundadanio rubellus*.

Wichtig ist neben einem regelmäßigen Wasserwechsel das Vorhandensein von Huminstoffen im Wasser. Erlenzapfen und Seemandelbaumblätter schaffen hier Abhilfe. Man kann diese Rasboren mit anderen friedlichen Fischen vergesellschaften und auch mit Garnelen der Gattungen *Neocaridina* oder *Caridina*. In all den Jahren, in denen ich diese Fische pflegte, konnte ich nie beobachten, dass sie sich an Garnelenbabys vergangen hätten.

Enteromius jae

Neonrote Zwergbarbe

Die Art findet ihre Verbreitung in den westafrikanischen Ländern Kamerun, Äquatorialguinea, Gabun, der Republik Kongo und der Demokratischen Republik Kongo. Es ist bekannt, dass Populationen aus verschiedenen Vorkommensgebieten sowohl in der Farbe als auch in der Musterung variieren.

Die Standortvarianten haben gemeinsam, dass sie langsam fließende, flache, schattige Regenwaldbäche und Sümpfe mit dichter Randvegetation bewohnen. Das Wasser ist durch Huminstoffe braun gefärbt, der Bodengrund mit herabgefallenen Blättern, Zweigen und Ästen übersät. Das Wasser in solchen Biotopen ist typischerweise sehr weich, sauer und kühl, mit vernachlässigbarer Härte. Oft sind die Bäche dank des Regenwalddaches recht stark beschattet.

Die scheue, zurückhaltende Zwergbarbe eignet sich für die meisten Gesellschaftsaquarien nicht wirklich, da sie von größeren oder aktiveren Beckengenossen eingeschüchtert werden kann und dann nicht mehr genügend Futter bekommt. Man kann sie aber gut mit kleinen friedlichen Fischen wie *Enteromius hulstaerti*, *Ladigesia roloffi*, *Barboides gracilis* oder *Lepidarchus adonis* vergesellschaften.

Erfahrene Züchter stellten fest, dass diese Art ein saisonaler Laichfisch ist, der in zwei Zeiträumen im Jahr von März bis Juni und von September bis November brütet. Selbst im Aquarium gezüchtete Fische weichen nicht von diesem Verhaltensmuster ab. Wie viele kleine Cypriniden ist die Zwergbarbe ein eierstreuender Dauerlaicher, der keinerlei elterliche Fürsorge zeigt.

Größe: bis 4 cm. Temperatur: 18–26 °C, pH: 6,0–7,5

Boraras brigittae

Moskitobärbling

Ein Klassiker unter den Nanofischen ist der Moskitobärbling *Boraras brigittae*. Die Art ist im Südwesten Borneos endemisch; leider gibt es nur wenige Vorkommensnachweise. Der Typusort ist Bandjarmasin, eine Hafenstadt in der indonesischen Provinz Kalimantan Selatan (Süd-Kalimantan). Das Verbreitungsgebiet erstreckt sich westwärts bis zum Jelai-Bila-Becken in der Nähe der Stadt Sukamara.

Der Moskitobärbling besiedelt Schwarzwasserbäche und Tümpel in Verbindung mit alten Torfsümpfen. Das Wasser ist durch Huminstoffe braun gefärbt, die durch Zersetzung organischer Stoffe entstehen. Der Bodengrund ist mit abgefallenen Blättern, Zweigen und Ästen übersät.

Das Aquarium für Moskitobärblinge sollte nicht zu stark beleuchtet und eventuell sogar mit einer Schwimmpflanzendecke an der Wasseroberfläche abgeschattet werden. *B. brigittae* stammt aus langsam fließenden oder stehenden Gewässern und hat bei einer starken Filterströmung Schwierigkeiten.

Weiches, sandiges Substrat ist die beste Wahl. Wurzeln und Äste sollten so platziert werden, dass viele schattige Stellen entstehen. Die Zugabe getrockneter Laubstreu unterstreicht den natürlichen Eindruck und fördert das Wachstum von Mikroorganismen, die diese zersetzen. Diese winzigen Lebewesen stellen eine wertvolle sekundäre Nahrungsquelle nicht nur für die Jungfische dar. Zudem sind die von den verrottenden Blättern freigesetzten Huminstoffe vorteilhaft für die Schwarzwasserfische.

Im Aquarium nehmen sie fast alle feinen Trockenfutterarten an, aber auch sehr kleines Lebend- und Frostfutter sollten auf dem Speiseplan stehen.

Größe: bis 2,5 cm. Temperatur: 20–28 °C, pH: 4,5–7,5

Danio erythromicron

Querstreifen-Zwergbärbling, Blaubandbärbling

Der Querstreifen-Zwergbärbling oder Blaubandbärbling ist so eng mit dem bekannten und beliebten Perlhuhnbärbling verwandt, dass die beiden Arten sich kreuzen können. Vom Körperbau her ist der nur 3 bis 3,5 Zentimeter lang werdende *Danio erythromicron* dem Perlhuhnbärbling sehr ähnlich, seine sehr attraktive Zeichnung unterscheidet sich jedoch deutlich. Die Weibchen sind etwas blasser, haben dünnere Streifen und sind minimal fülliger als die Männchen.

Der recht robuste *Danio erythromicron* kommt aus dem Inle-See in Myanmar. Die Fische vertragen mittelhartes bis hartes Wasser; Huminstoffe aus sich zersetzender Laubstreu oder mit einem Huminstoffpräparat zugeführt tun ihnen im Aquarium sehr gut. Der Querstreifen-Zwergbärbling ist ein sehr geselliger Fisch und sollte im Schwarm von acht bis zehn Exemplaren gehalten werden.

Querstreifen-Zwergbärblinge fressen gerne fein geriebenes Flockenfutter für Allesfresser, sehr gerne kleines Frostfutter und auch feines Lebendfutter. Sie gelten zwar als scheu, lassen sich aber an den Menschen gewöhnen: Klopft man bei der Fütterung ganz vorsichtig sehr leicht an die Scheibe, verlieren sie nach wenigen Wochen jegliche Scheu und fressen sogar aus der Hand.

Mit kleinen Schwarzen Mückenlarven und kühleren Wasserwechseln lassen sich die Fische gut in Paarungsstimmung bringen. Die Nachzucht ist relativ einfach: Als Dauerlaicher legen die Zwergbärblinge ihre Eier in dichte Pflanzenpolster wie zum Beispiel Mooskissen ab. Im Artbecken kommen immer wieder Jungtiere hoch, auch wenn die Alttiere den Laich teilweise fressen. Garnelen dagegen fressen den Laich sehr gern, und sie kommen bekanntlich in die kleinsten Spalten.

Größe: bis 3,5 cm. Temperatur: 20–26 °C, pH 7–8

Poropanchax normani

Normans Leuchtaugenfisch

Normans Leuchtaugenfisch gehört zu den Killifischen und hat in Afrika ein weites Verbreitungsgebiet, welches neben Nordwestafrika auch die Einzugsgebiete des Nil und des Tschad River einschließt. Dieser Eierlegende Zahnkarpfen besiedelt beschattete und dicht mit Pflanzen besetzte stehende wie auch fließende Gewässer der Savannenlandschaft, wo er stets in größeren Schwärmen zu finden ist.

Ihren Namen verdanken Normans Leuchtaugenfische ihren leuchtend blau oder irisierend golden gefärbten Augen. Die Flossen des Männchens färben sich gelb oder leicht orange, während die der Weibchen transparent erscheinen. Über dunklem Bodengrund färben sich die Fische intensiver aus. Beim Männchen laufen außerdem die Bauchflossen lang und spitz zu, während sie bei den Weibchen abgerundet sind.

Poropanchax normani ist mit etwa zehn bis elf Monaten geschlechtsreif und hat eine Lebenserwartung von etwa drei Jahren. Die Nachzucht der Art kann im Aquarium regelmäßig gelingen. Als Haftlaicher heftet das Weibchen nach der Paarung seine Eier an Schwimmpflanzen oder an bis an die Wasseroberfläche reichenden Blättern und Stängeln fest. Die Eier besitzen kurze klebrige Fäden, mit denen sie an den Pflanzen hängen bleiben. Die geschlüpften Jungtiere kann man mit Rädertierchen und Pantoffeltierchen anfüttern, einige Tage später nehmen sie auch *Artemia*-Nauplien.

Gefüttert werden die Fische bei mir eher sparsam, dafür öfters am Tag. Die adulten Tiere lassen sich ohne Probleme an Frostfutter, Lebendfutter oder Flockenfutter gewöhnen. Die Jungfische nehmen das Futter nur von der Wasseroberfläche auf. Alles, was auf dem Boden landet, wird liegen gelassen.

Poropanchax normani ist lichtempfindlich und sucht deshalb gerne dunklere Stellen im Aquarium auf. Plötzliche Lichtwechsel mag der Schwarmfisch gar nicht und kann sehr schreckhaft reagieren. Es kann dabei vorkommen, dass die Fische in ihrer Panik aus dem Becken springen. Deshalb ist immer auf eine gute Abdeckung zu achten und auf möglichst sanftes Aufblenden des Lichts, was sich mit einem LED-Steuergerät gut realisieren lässt.

Größe: bis 4 cm. Temperatur: 22–26 °C, pH: 6,0–8,5

Dario dario

Scharlachroter Zwergblaubarsch

Dario dario ist ein kleiner, friedlicher Zwergbarsch, der in Teilen der indischen Bundesstaaten Westbengalen und Assam und eventuell auch in Bhutan vorkommt. Den Lebensraum bilden kleine, nicht sehr tiefe, klare Wasserläufe mit dichter Wasser- und Ufervegetation. Man findet hier Wasserpflanzen wie *Hygrophila*, *Limnophila*, *Ottelia*, *Rotala* und *Vallisneria*. Die Männchen unterscheiden sich durch die schönen Farben von den meist kleineren und weniger farbenfrohen Weibchen.

Diese Art pflegt man am besten im Artbecken oder mit sehr friedlichen kleinen Fischen, da sie vor allem beim Fressen sehr zurückhaltend und langsam ist. Ich halte sie mit *Neocaridina*-Zwerggarnelen und ebenfalls eher ruhigen Leuchtaugenfischen der Gattung *Poropanchax*. *Otocinclus* sp. oder andere Aufwuchsfresser, die keine direkten Nahrungskonkurrenten sind, passen ebenfalls gut zu ihnen.

Rivalisierende Männchen können auf zu engem Raum recht aggressiv werden. In kleinen Aquarien hält man daher nur ein einzelnes Paar oder ein Männchen mit mehreren Weibchen. Ein größeres Becken mit genügend Platz, in dem jedes Männchen sein Revier abstecken kann, eignet sich für eine Gruppe.

Die Zwergblaubarsche gehen vorübergehende Paarbindungen ein. Zur Zucht sollten die Fische mit reichlich Lebend- und Frostfutter versorgt werden. Balzbereite Männchen färben sich intensiver, stecken Reviere ab und zeigen Balzverhalten. Die Weibchen verstreuen als Substratlaicher ihre Eier wahllos auf festen Oberflächen wie Steinen oder Wurzeln. Die sehr kleinen Jungfische schlüpfen nach zwei bis drei Tagen. Sie benötigen zunächst Infusorien, bis sie groß genug sind, um Mikrowürmer, *Artemia*-Nauplien und Ähnliches zu akzeptieren.

Größe: bis 2,5 cm. Temperatur: 18–28 °C, pH: 6–8,5

Congopanchax brichardi

Brichards Kolibri-Leuchtaugenfisch

In der Erstbeschreibung wurden diese kleinen Fische zunächst in die Gattung *Aplocheilichthys* gestellt, später wurde für sie die neue Gattung *Congopanchax* geschaffen, die heute von manchen Autoren allerdings als Untergattung der Gattung *Poropanchax* angesehen wird.

Die Angaben zum Verbreitungsgebiet sind teils etwas verwirrend, da sich Ortsnamen geändert haben und sich daher manche Angaben nicht mehr verifizieren lassen. Fakt ist jedoch, dass die Art im zentralen Einzug des Kongo vorkommt, inklusive flacher Bereiche des Tumba-Sees. Die bekannten Lebensräume von *Congopanchax brichardi* sind laut Literatur stark mit Unterwasserpflanzen bewachsene kleine Zuflüsse, Bäche, Sümpfe und Uferbereiche. Das Wasser dort ist extremes Schwarzwasser: sehr weich (20 bis 50 µS, also kaum 1 °dGH) und sauer, der pH-Wert liegt zwischen 4,5 und 5,5, mit einer Wassertemperatur von um die 30 °C. Leuchtaugenfische sind generell Schwarmfische. Die Schwärme halten sich gerne nahe der Oberfläche auf.

Die Eingewöhnung in ein neues Aquarium muss sehr langsam geschehen, da die Fische auf schnelle Veränderungen sehr empfindlich reagieren. Eine Zugabe von Erlenzäpfchen hat sich als vorteilhaft erwiesen. Die Gerb- und Huminstoffe daraus wirken leicht bakterizid und fungizid und hemmen die Entwicklung verschiedener Parasiten, die diese Fische oft befallen. Die Zugabe von Herbstlaub oder Seemandelbaumblättern hat eine ähnliche Wirkung.

Will man Kolibri-Leuchtaugenfische nachzüchten, brauchen sie ähnliche Werte wie im Habitat: eine Temperatur von 27 bis 28 °C und am besten weiches Regenwasser mit einem pH-Wert von 5,5 bis 6,5. Moosbewachsene Wurzeln sind als Laichsubstrat ideal.

Magenuntersuchungen haben gezeigt, dass sich diese Leuchtaugenfische in der Natur von Kleinstlebewesen und winzigen Insektenlarven ernähren. Im Aquarium werden sie am besten mit feinem Staubfutter, *Artemia*-Nauplien, Mikrowürmchen, Pantoffel- oder Rädertierchen gefüttert. Eine Vergesellschaftung mit Zwerggarnelen funktioniert mit diesen Fischen sehr gut, da sie dem Nachwuchs nicht nachstellen.

Größe: bis 2,5 cm. Temperatur: 22–30 °C, pH: 4,5–7,5

Hyphessobrycon amandae

Funkensalmler / Feuertetra / Feuersalmler

Dieser südamerikanische Schwarmfisch stammt aus dem Araguaia-Flussbecken im brasilianischen Bundesstaat Mato Grosso, wo er klare Gewässer mit weichem, saurem Wasser bewohnt. *Hyphessobrycon amandae* ist ein friedlicher und ruhiger Gruppenfisch. Bei Stress formieren sich Funkensalmler zum Schwarm. Sind sie entspannt, stehen sie einzeln oder in kleinen Gruppen in den Pflanzen oder schwimmen umher. Ich empfehle eine Gruppengröße von mindestens zehn bis zwölf dieser Fische.

Bei der Geschlechterbestimmung muss man genauer hinschauen: Geschlechtsreife Weibchen unterscheiden sich lediglich durch ihre etwas fülligeren Bäuche und ihre Größe von den schlankeren und etwas kleineren Männchen. Bei der Färbung gibt es so gut wie keine Unterschiede. Funkensalmler sind wie alle Salmler Freilaicher und Laichräuber. Für die Zucht muss das Wasser sehr weich und sauer sein, eine GH unter 5 und ein saurer pH-Wert zwischen 5,5 und 6,5 sind notwendig.

Das dicht bepflanzte Zuchtaquarium braucht eine Wassertemperatur von ungefähr 24 °C. Der Boden sollte mit Moos oder sehr grobem Kies bedeckt sein. Das Weibchen legt 10 bis 100 Eier im Freiwasser ab. Nach dem Ablaichen setzt man die erwachsenen Fische ins ursprüngliche Aquarium zurück. Die Larven schwimmen nach zwei bis vier Tagen frei und werden dann mit feinem Staubfutter, Infusorien und Rädertierchen gefüttert, später auch mit *Artemia*-Nauplien und – wenn sie größer sind – zusätzlich mit Mikrowürmchen oder *Cyclops*.

In der Natur frisst der Funkensalmler vorwiegend tierische Kost, im Aquarium nimmt er alle Arten von Trockenfutter und feinem Frostfutter an. Ein- bis zweimal die Woche füttere ich kleines Lebendfutter.

Größe: 2–3 cm. Temperatur: 24–28 °C, pH: 4,5–7,5

Boraras urophthalmoides

Schwanzfleckbärbling

In den Handel kommt *Boraras urophthalmoides* als Schwarzstreifenrasbora, Schwanzfleckbärbling oder Längsbandbärbling. Die Art stammt aus Südostasien, wo sie sich von Vietnam über Kambodscha, Thailand, Malaysia bis zur indonesischen Insel Sumatra verbreitet hat. Ihr Habitat sind Sümpfe und stehende wie auch langsam fließende Gewässer mit Schwarzwasser und dichter Unterwasservegetation. In der Natur kommen die kleinen Rasboren in großer Anzahl vor und sollten deshalb auch im Aquarium in einer Gruppe ab zehn bis zwölf Tieren gehalten werden.

Eine Zugabe von Seemandelbaumblättern, Eichen- oder Buchenblättern und ein Torffilter senken den pH-Wert, fördern die Braunfärbung des Wassers und bringen die wunderschöne Färbung der Fische besser zur Geltung. Ihre Lebenserwartung kann bis zehn Jahre betragen.

Der Schwanzfleckbärbling ist ein Freilaicher, der keine Brutpflege betreibt. Die Weibchen legen ihre ca. 40 bis 50 Eier zwischen feinblättrigen Wasserpflanzen oder in verschiedenen Moosarten ab, wo sie von den Männchen befruchtet werden. Garnelen fressen den Laich gerne, sollten also im Zuchtbecken nicht vorhanden sein. Das Zuchtbecken wird dicht bepflanzt und sollte weiches, leicht saures Wasser enthalten. Da die Elternfische Laichräuber sind, ist ein Laichrost sinnvoll. Nach dem Ablaichen werden die Elternfische aus dem Zuchtbecken entfernt. Die Fischlarven schlüpfen je nach Temperatur nach etwa 36-48 Stunden. Nach wenigen Tagen ist der Dottersack aufgezehrt. Danach wird mit Infusorien, Rädertierchen und *Artemia*-Nauplien gefüttert.

Größe: bis 2,5 cm. Temperatur: 20–26 °C, pH: 6–7,5

Tucanoichthys tucano

Tucanosalmler

Der Tucanosalmler ist nach dem indigenen Stamm der Tucano benannt, der in den Regionen des oberen Rio Negro und des Rio Uaupés im Bundesstaat Amazonas, Brasilien, und im Departamento del Vaupés in Kolumbien lebt. Die Fische selber wurden bisher nur im System des Rio Uaupés in Brasilien gefunden. Bisher wurde die Region nicht vollständig nach der Art abgesucht, es ist also gut möglich, dass sie auch noch in einigen anderen Flusssystemen vorkommt. Der Tucanosalmler besiedelt die kleinen Zubringerbäche, die in der Trockenzeit nur einen bis drei Meter breit und bis zu einem Meter tief sind. In den Bächen gibt es meist keine Wasserpflanzen, sondern nur abgestorbene Äste und viel Laub. An den Ufern bietet die überhängende Vegetation ausreichend Schutz vor Fressfeinden.

In der Natur ernährt sich der Tucanosalmler von kleinen Wirbellosen. Im Aquarium frisst er feines Trockenfutter, aber auch kleines Frost- und Lebendfutter wie *Artemia*-Nauplien oder Daphnien.

Die Art ist sehr friedlich und sollte aufgrund der geringen Größe von nur zwei Zentimetern nur mit anderen Nanofischen vergesellschaftet werden, mit Garnelen oder Aufwuchs fressenden Harnischwelsen. Zehn bis zwölf Tucanosalmler sollte man mindestens anschaffen, da die Fische im Schwarm weniger scheu sind und ein interessanteres Verhalten zeigen.

Ausgewachsene Männchen sind schlank und zeigen eine rötliche Pigmentierung der Rücken-, Schwanz- und Afterflossen sowie intensivere Farben als die rundlicheren Weibchen. In einem gut strukturierten Aquarium mit den richtigen Bedingungen kann sich Nachwuchs einstellen. Die Männchen bleiben beim Gelege und verteidigen es, bis die Jungen nach etwa 24 Stunden schlüpfen.

Größe: bis 2 cm. Temperatur: 24–26 °C, pH: 4–7,5

Ladigesia roloffi

Orangeroter Zwergsalmler

Die afrikanische Salmlerart *Ludigesia roloffi* stammt aus dem Kasewe im Gbangbaia-Becken, dem Sewa River in Sierra Leone und dem Du River in Liberia.

Der Zwergsalmler erreicht im Aquarium eine Länge von maximal 3,5 Zentimetern und kann mit anderen kleinen Nanofischen gut vergesellschaftet werden. Kleine Salmler wie *Lepidarchus adonis* oder *Neolebias ansorgii* sind gute Beckengefährten, ebenso wie die meisten ähnlich großen, ruhigen Arten, die sich unter vergleichbaren Bedingungen wohlfühlen. Mit adulten Garnelen gibt es keine Probleme. Frisch geschlüpfte Garnelen könnten gefressen werden.

Das Aquarium für diese Fische sollte keine grelle Beleuchtung haben. Schwimmpflanzen an der Wasseroberfläche können das einfallende Licht weiter dämmen. Die Filterung muss nicht besonders stark sein, da der Zwergsalmler meist aus langsam fließenden oder stehenden Gewässern stammt und bei einer schnellen Strömung Schwierigkeiten haben kann.

Ein weiches, sandiges Substrat ist eine gute Wahl, zu dem Wurzeln und Äste hinzugefügt werden können. Sie sollten so platziert werden, dass viele schattige Stellen entstehen. Die Zugabe von trockener Laubstreu unterstreicht den natürlichen Eindruck und fördert das Wachstum von Mikrobenkolonien. Diese winzigen Lebewesen stellen eine wertvolle Nahrungsquelle für die Jungfische dar, während die von den verrottenden Blättern freigesetzten Huminstoffe als vorteilhaft für Schwarzwasserfischarten gelten.

Im Aquarium nehmen die Orangeroten Zwergsalmler fast alle Trockenfutterarten an. Kleines Lebend- und Frostfutter sollten ebenfalls auf dem Speiseplan stehen. Sie sollten in einer Gruppe von zehn bis zwölf Artgenossen gehalten werden.

Größe: 3–4 cm. Temperatur: 22–30 °C, pH: 6–7,5

Der kleine Cory hat eine sehr interessante Lebensweise: Er schleicht sich in die Fischschwärme anderer Arten ein, denen er sich farblich angepasst hat, zum Beispiel *Aphyocharax paraguayensis*. Auf den ersten Blick kann man diese eigentlich sehr verschiedenen Fischarten kaum auseinanderhalten. Die kleinen Panzerwelse haben viele Fressfeinde. Im Lauf der Evolution schlossen sie sich daher anderen Fischarten an und nahmen nach und nach eine ähnliche Färbung an. Masse bietet Schutz, und gemischte Schwärme haben einen weiteren Vorteil: Jede Art besetzt eine etwas andere Nahrungsnische. Das Futterangebot kann bei gleichbleibendem Schutzfaktor deutlich besser ausgenutzt werden.

Da sich der Sichelfleck-Panzerwels eher in den mittleren und oberen Wasserschichten als am Boden aufhält, sollte auch die Aquarieneinrichtung diesen Ansprüchen gerecht werden. Neben ausreichend Freiraum zum Schwimmen benötigt der Schwarmfisch eine möglichst dichte Bepflanzung mit feinfiedrigen Wasserpflanzen im Hintergrund, in die er sich bei Bedarf zurückziehen kann. Beim Laichen verteilen die Weibchen ihre Eier überall im Aquarium und kleben sie einzeln an Pflanzenblätter und die Glasscheiben des Aquariums.

Sichelfleck-Panzerwelse gehören zu den Omnivoren mit tierischem Schwerpunkt. Neben den gängigen Trockenfuttern sollte auch kleines Lebend- und Frostfutter angeboten werden.

Die vier bis fünf Millimeter großen Fischlarven schlüpfen nach etwa drei bis vier Tagen. Nach weiteren zwei bis drei Tagen ist der Dottersack aufgezehrt, und die frei umherschwimmenden Winzlinge nehmen gerne kleine Enchyträen und *Artemia*-Nauplien oder Rädertierchen an.

Größe: bis 3 cm. Temperatur: 24–28 °C, pH: 4,5–7,5

Danio margaritatus

Perlhuhnbärbling

Der Perlhuhnbärbling kam 2007 unter dem Namen Galaxybärbling zum ersten Mal in den Handel. Die Fische kommen im nördlichen Thailand und Myanmar vor; dort vor allem im Inlesee und einigen umliegenden Gewässern. Meist besiedeln sie Flachwasserbereiche. In der Natur leben Perlhuhnbärblinge in großen Gruppen und sollten deshalb auch im Aquarium mindestens acht bis zehn Artgenossen um sich haben. Gefressen wird neben handelsüblichem Trockenfutter gerne Lebend- und Frostfutter passender Größe.

Die Beckenränder werden üppig mit feinfiedrigen Pflanzen bepflanzt, freier Schwimmraum ist jedoch ebenfalls wichtig. Perlhuhnbärblinge gelten als scheu, doch wenn man sich intensiver mit ihnen beschäftigt und zum Beispiel beim Füttern jedes Mal ganz leicht an die Scheibe klopft, merken sie sich das und kommen schon aus ihren Verstecken, wenn sie ihren Halter sehen. Sie können mit anderen friedlichen Nanofischen vergesellschaftet werden und auch mit adulten Garnelen. Junge Garnelen stehen auf dem Speiseplan, daher braucht es eine sehr dichte Bepflanzung. Da die Fische gute Springer sind, ist eine Abdeckung unerlässlich.

Die Männchen haben für gewöhnlich eine dunklere Grundfarbe mit hellen Punkten, die Flanken sind häufig noch dunkler gefärbt. Ihre Afterflosse ist kräftig rot-orange mit schwarzen Streifen. Die Weibchen erscheinen dagegen etwas blasser, rundlicher und besitzen eine eher orangefarbene Afterflosse mit schwächeren schwarzen Streifen.

Laichreife Weibchen legen ihre Eier in feinfiedrige Pflanzen oder ein Laichsubstrat wie beispielsweise Moos. Perlhuhnbärblinge sind Laichräuber, im Aquarium kommen eigentlich kaum Jungfische durch. In einem Zuchtaquarium funktioniert die Zucht weitaus besser. Wenn die Weibchen abgelaicht haben, setzt man die Zuchtpaare wieder in ihr Aquarium zurück, damit sich die Jungfische ungestört im Aufzuchtbecken entwickeln können. In den ersten drei Tagen ernähren sie sich von ihrem Dottersack, danach können sie mit Infusorien, *Artemia*-Nauplien und Mikrowürmern sowie Staubfutter gefüttert werden.

Größe: 2,5–3 cm. Temperatur: 20–24 °C, pH: 6,5–8

Enteromius hulstaerti

Schmetterlingsbarbe

Obwohl die ersten Schmetterlingsbarben schon in den 1960er-Jahren nach Europa kamen und man sie damals bereits vermehren konnte, sind sie ein seltener Gast im Aquarium. Sie stammen aus dem Kongo, wo die politischen Verhältnisse immer wieder zu kriegerischen Auseinandersetzungen führten und den Import stellenweise fast unmöglich machten. Mittlerweile kommen wieder öfter Tiere zu uns, die hin und wieder im Handel zu bekommen sind; es handelt sich fast immer um Wildfänge.

Anders als alle anderen Kleinbarben ist die Schmetterlingsbarbe kein Frei- oder Haftlaicher. Die Weibchen laichen im Bodengrund ab, ähnlich wie die Killifische, mit denen die Art ihren Lebensraum im Habitat teilt. Um die Elterntiere zum Laichen anzuregen, sollte die Wassertemperatur 21 bis 23 °C betragen. Die Eier brauchen je nach Temperatur etwa zwei Wochen bis zum Schlupf.

Schmetterlingsbarben leben in kleinen Bächen mit sandigem Bodengrund, die hauptsächlich durch Waldgebiete fließen. Man sollte sie nicht zu warm halten, Zimmertemperatur reicht völlig aus. Das Wasser sollte leicht sauer sein; an die restlichen Wasserwerte passen sie sich relativ gut an.

In der Natur ernähren sie sich vor allem von kleinen Krebstieren und Insektenlarven. Die friedlichen Fische mögen keine Unruhe vor dem Aquarium und ziehen sich bei Störung ins Pflanzendickicht zurück, wo sie manchmal stundenlang verharren. Mein Aquarium für die Zwerge ist dicht bepflanzt, dadurch sehe ich sie nur selten. Man kann sie gut mit anderen Nanofischen und auch mit Garnelen vergesellschaften, wobei Schmetterlingsbarben Garnelenbabys fressen können; die Garnelen wiederum werden sich am Fischlaich vergreifen. Dichte Moospolster können helfen, dass trotzdem einige wenige Jungfische hochkommen.

Größe: bis 3 cm. Temperatur: 20–25 °C, pH: 6–7,5

Brevibora dorsiocellata macrophthalma

Leuchtaugenbärbling

Leuchtaugenbärblinge kommen vom Malaiischen Archipel, der die Großen und Kleinen Sundainseln, die Molukken und die Philippinen umfasst. Diese Art bewohnt meist langsam fließende Schwarzwasserbäche und -flüsse. Das schwarzbraun gefärbte Wasser ist durch die Zersetzung großer Mengen an Laub und Wurzeln reich an Huminstoffen. Der kleine Zierfisch mag auch im Aquarium huminstoffhaltiges Wasser mit einem pH-Wert von 5,5 bis 7,5 und eine geringe bis mittlere Wasserhärte.

Diese Art ist sehr friedlich, was sie zu einem idealen Bewohner für ein gut eingerichtetes Nano-Aquarium macht. Als Schwarmfisch sollte der Leuchtaugenbärbling in einer Gruppe von mindestens 12 bis 15 Tieren gehalten werden. Eine Vergesellschaftung mit anderen kleinen Friedfischen und mit mittelgroßen bis ausgewachsenen Zwerggarnelen ist problemlos möglich. Ganz junge Garnelen hingegen können dem Bärbling schon zum Opfer fallen.

Magenuntersuchungen wildlebender Exemplare zeigen, dass sich der Bärbling als Mikroprädator von winzigen Insektenlarven, Würmern, Krustentieren und anderem Zooplankton ernährt. Im Aquarium nimmt er Trockenfutter in geeigneter Größe an, sollte aber idealerweise täglich auch mit kleinem lebendem und gefrorenem Futter wie Daphnien, Artemien und Ähnlichem versorgt werden.

Wie viele kleine Bärblinge ist diese Art ein eierstreuender Dauerlaicher, der keine elterliche Fürsorge zeigt. Das heißt, wenn die Fische in guter Verfassung sind, werden sie häufig laichen, und in einem dicht bepflanzten, gut eingefahrenen Aquarium ist es möglich, dass ohne Eingreifen regelmäßig eine kleine Anzahl von Jungfischen groß wird.

Größe: bis 3,5 cm. Temperatur: 20–28 °C, pH: 5–7,5

Microdevario kubotai

Smaragd-Zwergrasbora

Man kennt Smaragd-Zwergbärblinge aus den Provinzen Ranong und Phang Nga der thailändischen Halbinsel und dem Einzugsgebiet des Ataran, einem Nebenfluss des Salween im südlichen Myanmar. Vermutlich kommen sie auch an anderen Orten in diesem Gebiet vor, weitere Untersuchungen sind hier vonnöten. Die Art besiedelt langsam bis mäßig schnell fließende Abschnitte von sauerstoffreichen Oberläufen und kleineren Nebenflüssen. Solche Lebensräume bestehen in der Regel aus klarem Wasser mit einem Bodengrund aus Sand, Kies, Steinen, Felsen und Laub sowie Treibholz, Wurzeln der Ufervegetation und stellenweise Wasservegetation.

Die Männchen bleiben etwas kleiner und schmaler als die Weibchen. Da die Zwergrasboras keine Laichräuber sind, kann man sie im Hälterungsaquarium nachzüchten. Ein Aufzuchtaquarium eignet sich dennoch besser, da die Jungen hier gezielt mit Infusorien und Pantoffeltierchen angefüttert und aufgezogen werden können. Zur Zucht sollte das Wasser sehr sauer sein.

Die Allesfresser ernähren sich in ihrem Habitat unter anderem von Kleinstkrebsen, die sie aus Aufwuchs herauspicken, und können im Aquarium optimal mit Nanofischfutter, Granulatfutter oder fein geriebenem Flockenfutter für omnivore Fische gefüttert werden. Hin und wieder sollte kleines Lebend- und Frostfutter wie zum Beispiel *Cyclops*, *Artemia*-Nauplien oder Enchyträen gegeben werden, damit die Fische gesund bleiben und schöne Farben zeigen.

Smaragd-Zwergrasboras sind friedliche, verträgliche Fische, die man mit Zwerggarnelen halten kann, sofern diese ähnliche Ansprüche an die Wasserparameter haben. Ebensogut können sie mit anderen Nanofischen wie *Microrasbora*, aber auch mit Zwergpanzerwelsen vergesellschaftet werden.

Größe: bis 3,5 cm. Temperatur: 20–25 °C, pH: 4,5–7,5

Pseudomugil luminatus „Red Neon"

Paskai-Blauauge

Das Paskai-Blauauge ist ein interessanter Vertreter der Gattung *Pseudomugil*, die ursprünglich aus Australien beschrieben wurde; mittlerweile sind auch aus Süd-Papua einige Arten bekannt. *Pseudomugil luminatus* ist endemisch in der Gegend um Timika/Papua und wurde erst 2011 im Hobby vorgestellt. Hin und wieder wird der Zierfisch noch als *Pseudomugil* sp. „Red Paskai" bezeichnet. Die Blauaugen leben überwiegend in sauren, stark verkrauteten Regenwaldbächen. Sie laichen dort in dichten Pflanzenpolstern ab. Das Aquarium für die Fische sollte etwas schattig sein und gut bepflanzt werden. Eine leichte Strömung und sauerstoffreiches Wasser und eventuell auch eine Schwimmpflanzendecke sind von Vorteil.

In der Paarungszeit fallen die Männchen durch eine kräftigere Rotfärbung auf. Auch bleiben sie schlanker und kleiner und verfügen über einen länger ausgebildeten ersten Rückenflossenstrahl, der den Weibchen fehlt. Der Körperbau der Weibchen wirkt plumper und insgesamt runder.

Im Aquarium kann das Paskai-Blauauge nachgezüchtet werden. Die Haftlaicher lassen sich mit einer schrittweisen Temperaturerhöhung und einer kräftigen Fütterung mit Lebendfutter in Stimmung bringen. Da sie Laichräuber sind, empfiehlt es sich, den Tieren ein Laichsubstrat in Form von lockeren Moosnestern aus Javamoos oder auch Laichmopps anzubieten. Falls man nicht sehr viele Garnelen im Aquarium hat, sind die Chancen auf Jungfische groß. Für eine nachhaltige Zucht ist ein Aufzuchtbecken mit dichten Moospolstern von Vorteil. Dort lassen sich die Jungfische am besten großziehen, vor allem, wenn die Elterntiere entfernt werden und keine Garnelen die Eier räubern können.

Paskai-Blauaugen eignen sich gut für Gesellschaftsbecken mit Killifischen oder Zwergbärblingen und Salmlern. Auch Zwerggarnelen können ohne Weiteres mit ihnen zusammen gepflegt werden.

Größe: bis 3,5 cm. Temperatur: 24–28 °C, pH: 6–7,5

Indostomus crocodilus

Malayenstichling

Im Handel werden die Fische teils auch als Burmastichlinge angeboten. Sie haben ihre Verbreitung im südlichen Thailand und Malaysia. Über den natürlichen Lebensraum von *Indostomus crocodilus* gibt es nur wenig Informationen. Nach den vorliegenden Angaben bewohnen die Fische langsam fließende oder stehende Schwarzwasserhabitate. Dort halten sie sich bevorzugt in Bodennähe, rund um ins Wasser reichende Wurzeln oder herabgefallene Äste und in Bereichen mit Falllaub auf.

Die Art fühlt sich in einem gut bepflanzten Aquarium mit weichem Substrat am wohlsten; auch feiner Kies ist akzeptabel. Wurzeln oder Äste, Schwimmpflanzen und Laub können hinzugefügt werden, um eine natürlichere Umgebung zu vermitteln und Strukturen als Rückzugsorte und Laichplätze zu schaffen. Auch wird so das ins Becken einfallende Licht gestreut. Da der Malayenstichling von Natur aus eine ruhige Umgebung bevorzugt, sollte die Strömung im Aquarium nicht sehr stark sein.

In der Natur ernährt sich *Indostomus crocodilus* hauptsächlich von Zooplankton wie kleinen Krebstieren, Würmern und Insektenlarven. Im Aquarium nimmt er meines Wissens keine getrockneten oder gefrorenen Futtersorten an; er braucht daher kleines Lebendfutter wie *Artemia*-Nauplien, Daphnien oder Mikrowürmer. In gut eingefahrenen Pflanzenaquarien dient die Mikrofauna als zusätzliche Nahrungsquelle.

Der Malayenstichling wurde mehrfach nachgezüchtet. Das Ablaichen erfolgt in kleinen Höhlen oder Spalten, auch in künstlichen Alternativen wie kleinen Bambusstücken oder Kunststoffrohren.

Größe: bis 3 cm. Temperatur: 22–28 °C, pH: 5–7,5

Brachygobius doriae

Goldringelgrundel

Die fünf Arten, die unter dem Namen „Goldringelgrundel" im Handel verbreitet sind, kommen alle aus Südostasien. *Brachygobius doriae* stammt aus Borneo und Malaysia. Die Weibchen werden insgesamt etwas größer und fülliger als die Männchen und sind bei näherer Betrachtung etwas weniger intensiv gefärbt. Die Art wird immer wieder mit *Brachygobius xanthozonus* verwechselt.

Die brutpflegenden Goldringelgrundeln brauchen eine geeignete Bruthöhle für die Aufzucht ihres Nachwuchses; daher sollten im Aquarium genügend Höhlen vorhanden sein, die nicht zu nah beieinander liegen. So vergesellschaftete Goldringelgrundeln vertragen sich innerartlich sehr gut. Das Weibchen heftet den Laich an eine Höhlenwand oder Ähnliches, das Männchen bewacht die Eier bis zum Schlupf. Danach endet die Brutpflege.

Goldringelgrundeln sind im Prinzip Schwarmfische und keine Einzelgänger. Dennoch brauchen die einzelnen Paare genug Platz für die Brutpflege, sonst können sie durchaus aggressiv werden. Zu dicht sollte der Besatz daher nicht sein.

Die kleinen Bodenbewohner fressen alle Arten von kleinem Frostfutter oder Lebendfutter: Mückenlarven, Artemien, Daphnien oder *Cyclops* sollten angeboten werden. Ein geringer Salzzusatz (ein bis zwei Gramm pro Liter) tut den Tieren gut, ist aber nicht unbedingt notwendig. Die Larven benötigen jedoch unbedingt leicht aufgesalzenes Wasser (vier Gramm pro Liter) zum Aufwachsen.

Größe: bis 4,5 cm. Temperatur: 25–28 °C, pH: 7–8,5

Tyttocharax cochui

Flittersalmler

Die *Tyttocharax*-Arten sind robuste Fische, die man durchaus auch in Gesellschaft friedlicher anderer Nanofische pflegen kann. *Tyttocharax cochui* kommt aus Peru und besiedelt in seiner Heimat kleine Schwarzwasserbäche. Entschließt man sich für eine Pflege im Artaquarium, sollte man es nicht allzu klein wählen, denn Flittersalmler sind äußerst schnelle und lebhafte Fische, die Raum brauchen, um sich entfalten zu können. Rechteckbecken sind daher besser geeignet als Cubes.

Flittersalmler sind sehr friedlich und lassen sich gut mit anderen Nanofischen vergesellschaften, die ähnliche Bedingungen brauchen. Auch mit Garnelen sollte es keinerlei Probleme geben. Als Futter akzeptieren die Fische alles übliche Fischfutter passender Größe, es darf neben feinem Lebend- und Frostfutter durchaus auch Trockenfutter sein. Im natürlichen Lebensraum ist das Wasser weich und leicht sauer, im Aquarium erweisen sich *Tyttocharax* als anspruchslos, solange die Parameter nicht ins Extreme gehen oder ständig schwanken.

Flittersalmler sind Gruppenfische, wobei man sie nur selten in regelrechten Schwärmen schwimmen sieht. Dennoch ist es ratsam, mindestens 10 bis 15 Tiere zu pflegen.

Zwar ist die Zucht schon gelungen, allerdings fehlen detaillierte Zuchtberichte bis heute. Bei diesen Fischen findet eine innere Befruchtung statt – wie diese im Einzelnen vonstatten geht, muss noch erforscht werden. Wichtig bei Zuchtversuchen ist, dass Pflanzen mit größeren Blättern zur Verfügung stehen, an deren Unterseiten die Weibchen ihren Laich absetzen können. Als besonders geeignet erscheinen in dem Zusammenhang Schwimmpflanzen mit großen Blättern oder Stängelpflanzen, die bis an die Wasseroberfläche wachsen, da diese stark an der Oberfläche orientierte Art nur ungern das obere Drittel des Aquariums verlässt.

Größe: bis 2 cm. Temperatur: 23–28 °C, pH: 6,5–7,5

Parotocinclus haroldoi

Haroldos Ohrgitterharnischwels

In ihrer Heimat im Einzugsgebiet des Rio Parnaiba in Brasilien leben diese Ohrgitterharnischwelse in mäßig schnell fließenden Bächen und kleinen Flüssen zwischen Steinen und Geröll. *Parotocinclus* raspelt als Aufwuchsfresser vorwiegend Beläge von harten Oberflächen wie Steinen oder Treibholz ab.

Auch im Aquarium brauchen die Welse einen gewissen Faseranteil in ihrer Nahrung. Eine Moorwurzel aus Echtholz leistet gute Dienste, auch Falllaub ist ein wichtiger Ballaststofflieferant. Spezielle Tabs für Welse sinken schnell und lassen sich optimal abraspeln. Gelegentlich frisst *Parotocinclus* trotz überwiegend pflanzlicher Ernährung auch etwas Frostfutter. Gemüse wie zum Bespiel Zucchini oder Kürbis wird gerne genommen, ebenso wie überbrühtes oder getrocknetes Grünfutter – Spinat, Brennnessel, Löwenzahn etc. Für frisch eingerichtete Aquarien ist die Art nicht geeignet. Sie braucht gut eingefahrene Aquarien mit Biofilmen und Algenbelägen. Ein dunkler Bodengrund ist von Vorteil, weil die Fische dann dunkler werden und so das Muster besser zur Geltung kommt.

Die Geschlechter lassen sich nur sehr schwer unterscheiden: Die Weibchen werden etwas größer und sind ein bisschen fülliger als die Männchen. Der friedliche kleine Wels ist ein Gruppentier und sollte ab mindestens fünf bis sechs Exemplaren im Aquarium gehalten werden. Da diese Ohrgitterharnischwelse der Gattung *Parotocinclus* sehr friedliche Pflanzenfresser sind, kann man sie optimal mit Garnelen und Schnecken vergesellschaften. Ihre Zucht ist im Aquarium sehr schwierig, es gibt nur einige wenige Berichte von Zufallsnachzuchten. Die Eier werden an Pflanzen oder an der Scheibe abgelegt. Die Jungtiere fressen von Anfang an Biofilme und Algenbeläge.

Größe: bis 4 cm. Temperatur: 23–28 °C, pH: 6–7,5

Trochilocharax ornatus

Kolibrisalmler

Im Handel und sogar in der Erstbeschreibung finden sich widersprüchliche Informationen über seine Herkunft. Einige Autoren geben an, dass er aus einem Schwarzwasser-Nebenfluss des Río Ampiyacu bei Pebas in Peru stammt, während andere den Río Nanay bei Iquitos als seine Heimat annehmen.

Der Kolibrisalmler weist sowohl einen ausgeprägten Sexualdimorphismus als auch Sexualdichromatismus auf: Bei den Weibchen sind Körper und Flossen fast vollständig glasig durchsichtig und haben einen bläulichen Schimmer. Zudem sind die Weibchen deutlich kleiner als die Männchen, die wiederum wesentlich farbiger sind.

Vermutlich ist der Kolibrisalmler ein Mikroprädator, der sich in der Natur von winzigen wirbellosen Tieren und Einzellern ernährt. Im Aquarium nimmt er feines Trockenfutter an, sollte aber auch täglich feines Lebend- oder Frostfutter in Form von *Artemia*-Nauplien, Daphnien etc. bekommen.

Er ist friedlich anderen Arten gegenüber, eignet sich aber aufgrund seiner geringen Größe und seiner etwas spezielleren Ansprüche nicht fürs Standard-Gesellschaftsbecken. Mit Garnelen und kleinen Nanofischen ist die Vergesellschaftung dagegen ideal. Acht bis zehn Exemplare sollte der Schwarm mindestens stark sein, da die Fische dann weniger scheu sind und ihr interessantes Verhalten zeigen.

Es scheint, dass die Art eine innere Befruchtung praktiziert; wie diese im Einzelnen vonstatten geht, muss noch erforscht werden. Jungfische können auch ohne weiteres Zutun auftauchen.

Größe: bis 2 cm. Temperatur: 20–28 °C, pH: 4,5–7,5

Dario tigris

Black-Tiger-Blaubarsch, Tiger-Zwergblaubarsch

Diese Art ist offenbar im nördlichen Myanmar im Bundesstaat Kachin nahe der Stadt Myitkyina endemisch. Der Tiger-Zwergblaubarsch sollte paarweise oder in einer Gruppe von vier bis sechs Tieren gehalten werden. Ich halte zwei Männchen und vier Weibchen. Ideal ist ein Artaquarium, aber kleine Rasboren wie *Boraras brigittae* oder *Sundadanio axelrodi* können gut mit den kleinen *Dario* gepflegt werden. Wichtig ist, dass keine Futterkonkurrenten im unteren Bereich des Aquariums leben, da die Blaubarsche eher bedächtige Fresser sind. Zudem sollte sichergestellt sein, dass genug Futter in der Bodenregion verfügbar ist. Mit größeren Zwerggarnelen lassen sie sich problemlos halten, allerdings stellen die Zwergblaubarsche dem Nachwuchs nach. Das Aquarium sollte mit genügend Wasserpflanzen, Steinen und Wurzeln strukturiert sein, damit die Männchen ihre Reviere abstecken können.

Dario-Arten sind Mikroprädatoren, die sich von kleinen Krebstieren, Würmern, Insektenlarven und anderem Zooplankton ernähren. Im Aquarium sollte man ihnen kleine lebende oder gefrorene Nahrung wie *Artemia*-Nauplien, Daphnien oder Grindalwürmer anbieten.

Die Männchen sind farbiger als die Weibchen, die keine rote oder blaue Pigmentierung auf dem Körper haben und denen die typische Schwarzfärbung der Kopfregion fehlt. Darüber hinaus sind sie kleiner und haben ein deutlich kürzeres, stämmigeres Körperprofil als die Männchen.

Sobald die Männchen zur Zucht bereit sind, beginnen sie mit der Bildung von Revieren und zeigen Balzverhalten sowie ein intensiveres Farbmuster. Die Substratlaicher gehen vorübergehende Paarbindungen ein. Die Eier werden recht wahllos auf der Unterseite einer festen Oberfläche, zum Beispiel einem Pflanzenblatt, abgelegt, das Männchen übernimmt die Brutpflege und bewacht das Gelege. Die Inkubationszeit der Eier beträgt zwei bis drei Tage. Danach benötigen die Jungfische bis zu einer Woche, um den Dottersack vollständig aufzuzehren. In den ersten Tagen sind die Jungfische sehr klein und benötigen eine Ernährung mit Infusorien, bis sie groß genug sind, um Mikrowürmchen, *Artemia*-Nauplien und Ähnliches zu akzeptieren.

Größe: bis 3 cm. Temperatur: 15–25 °C, pH: 7–9

Paracheirodon simulans

Blauer Neon

Der Blaue Neon ist der zierlichste Neonfisch aus der Familie der Echten Salmler. Die Art ist in Brasilien und Kolumbien beheimatet und besiedelt dort in großen Schwärmen die Zuflüsse des Orinoco und Rio Negro. Sie bevorzugt langsam bis mäßig schnell fließende Gewässer mit dichter, oft überhängender Ufervegetation und sandigen Substraten. Der Bodengrund ist meist mit abgefallenen Ästen, Baumwurzeln und Laub bedeckt. Das Wasser ist sauer, mit geringer Karbonathärte, und durch die Zersetzung von organischen Stoffen bräunlich gefärbt. Nur bei diesem Neon läuft die intensiv leuchtende blaue Neonbinde von der Schnauze bis zur Schwanzwurzel durch. Geschlechtsreife Weibchen haben einen deutlich sichtbar runderen Körper und sind etwas größer als Männchen.

Paracheirodon simulans ernährt sich in der Natur überwiegend von kleinen wirbellosen Tieren wie Krebstieren und Insekten sowie ihren Larven. Im Aquarium kann er mit Trockenfutter für omnivore Aquarienfische gefüttert werden, aber wie die meisten Zierfische entwickelt er die schönsten Farben und optimale Gesundheit, wenn er regelmäßig mit lebendem und gefrorenem Futter wie Roten oder Schwarzen Mückenlarven, Daphnien, Artemien etc. ernährt wird.

Ein Schwarm blauer Neons lässt sich in einem gut bepflanzten 60 Liter fassenden Aquarium entweder im Artbecken oder zusammen mit Garnelen und anderen friedlichen Nanofischen wie Salmlern, Panzerwelsen oder kleinen Harnischwelsen halten. Der Blaue Neon reagiert empfindlich auf schwankende oder schlechte Wasserwerte wie zum Beispiel erhöhte Nitratwerte. Er sollte niemals in ein nicht eingefahrenes Aquarium gesetzt werden. Die Art bevorzugt ein schwach beleuchtetes Becken, wobei das Licht durch Hinzufügen von Schwimmpflanzen abgeschattet werden kann.

Die Zucht des Blauen Neon in Gefangenschaft ist noch nicht gelungen. Es existieren mehrere Berichte von Hobbyisten, die es versucht haben, jedoch fast alle ohne Erfolgsmeldung. Alle im Handel erhältlichen Exemplare stammen aus Wildfängen.

Größe: 2–3 cm. Temperatur: 22–28 °C, pH: 5,5–7,5

Axelrodia stigmatias

Pfeffersalmler

Die *Axelrodia*-Arten sind insgesamt ideale Bewohner für Nano-Aquarien, da sie wenig scheu sind und nur ein geringes Schwimmbedürfnis haben. *Axelrodia stigmatias* kommt aus dem westlichen Amazonasgebiet und ist von Manaus bis zum Rio Ucayali in Peru weit verbreitet. Er soll ein Bewohner von Schwarzwassergebieten sein, es fehlen jedoch bisher detaillierte Informationen über seine Lebensweise. Vermutlich lebt die Art eher in kleineren, bewaldeten Nebenflüssen als in größeren Flussläufen.

Idealerweise pflegt man Pfeffersalmler in einem gut bepflanzten Aquarium mit mindestens acht bis zehn Artgenossen. Im Schwarm zeigen sie salmlertypisches Verhalten. Dominante Männchen bilden kleine Reviere, die immer wieder neu abgesteckt werden. Die Verteidigung läuft sehr friedlich ab, es kommt zwar zu Jagereien, aber nicht zu Kämpfen. Die Art ähnelt stark *Axelrodia riesei*, wobei diese wesentlich mehr Rot zeigen. Es gibt aber auch von *A. stigmatias* rötliche oder roséfarbene Tiere.

Adulte Männchen sind intensiver gefärbt und bleiben etwas kleiner als die rundlicheren Weibchen. Eine Vergesellschaftung der eher an der Oberfläche orientierten Salmler mit anderen friedlichen Beifischen ist möglich, ebenso mit Zwerggarnelen sowie Schnecken. Da Pfeffersalmler sehr kleine Mäuler haben, ist auch der Garnelennachwuchs relativ sicher.

Die Allesfresser lassen sich mit hochwertigem Trockenfutter oder Granulat für Nanofische ernähren; hin und wieder wird mit feinem Lebend- und Frostfutter ergänzt. Ich füttere meine Fische drei- bis viermal am Tag in kleinen Mengen.

Größe: bis 2,5 cm. Temperatur: 23–28 °C, pH: 5,5–7,5

Carinotetraodon travancoricus

Erbsenkugelfisch

Der Erbsenkugelfisch zählt zu den echten Süßwasser-Kugelfischen und wird auch Indischer Zwerg-Kugelfisch genannt. In Indien und Sri Lanka ist die Art aus dem Pamba River, Vembanad-See und dem Chalakudy River in der Provinz Kerala beschrieben. Sie bewohnt mäßig fließende oder stehende, stark verkrautete Süßgewässer. Hauptsächlich ernährt sich der Erbsenkugelfisch von Schnecken und Mückenlarven sowie Kleinkrebsen.

Rein äußerlich lassen sich die Geschlechter nur schwer unterscheiden. Die Männchen fallen jedoch durch intensivere Farben auf. Die Nachzucht der Zwerge ist im Aquarium bereits geglückt. Als Laichsubstrat eignen sich feine Pflanzen, vor allem Javamoos, das sich in lockeren Nestern im Aquarium befinden sollte. Eine Temperaturerhöhung sowie die vermehrte Fütterung mit Lebendfutter wie Weißen und Roten Mückenlarven oder Artemien regt die Laichbereitschaft an.

Gut im Futter stehende Erbsenkugelfische sind quasi Dauerlaicher, jedoch auch arge Nesträuber, die ihren eigenen Laich auffressen. Die 1 bis 1,5 Millimeter kleinen Eier entwickeln sich innerhalb von sieben bis neun Tagen. Eine halbe Woche nach dem Schlupf können die Larven mit feinem Lebendfutter angefüttert werden. Möchte man Erbsenkugelfische erfolgreich aufziehen, ist ein Zuchtaquarium zu empfehlen, in das die Elterntiere zum Ablaichen überführt und sofort danach wieder herausgenommen werden.

Aufgrund ihrer Größe lässt sich die Art in rechteckigen Aquarien ab 50 Litern pflegen. Erbsenkugelfische sollten immer in einer Gruppe gehalten werden, um innerartlich auftretende Aggressionen zu verteilen.

Für gewöhnlich sind die Erbsen eher ruhige Fische, die jedoch manchmal an die Flossen von Mitfischen gehen und diese anknabbern können. Geeignet sind sie daher am ehesten für ein Artaquarium oder für eine Vergesellschaftung mit lebhafteren Fischen wie kleinen Salmlern oder kurzflossigen Lebendgebärenden. Als Kleinkrebs- und Schneckenfresser eignen sie sich nicht zur Haltung mit Wirbellosen.

Größe: 3–4 cm. Temperatur: 24–28 °C, pH: 7,5–8,5

Iriatherina werneri

Pracht-Regenbogenfisch

Beschrieben wurde *Iriatherina werneri* aus der Merauke Regency, Provinz Papua, Indonesien. Die Art ist an einem relativ kurzen Abschnitt entlang der Südküste zwischen Merauke und der Mündung des Fly River verbreitet. Auch in Australien gibt es Nachweise aus zahlreichen Flusseinzugsgebieten der Cape York Peninsula im Bundesstaat Queensland sowie aus dem Northern Territory im Westen, einschließlich des Arafura-Feuchtgebiets im Arnhemland. Die Art bevorzugt langsam fließende Bäche, Süßwassersümpfe, Lagunen und Flussbetten mit klarem Wasser und reichlich Wasserpflanzen. Am häufigsten findet man Pracht-Regenbogenfische, die auch Filigran-Regenbogenfische genannt werden, in dichter Ufervegetation mit Seerosenblättern in einer Tiefe von weniger als 1,5 Metern.

Die Fische weisen je nach Standort einige Unterschiede in Farbmuster und Flossenmorphologie auf. Wildfänge sind in der Aquaristik praktisch unbekannt, da alle im Handel erhältlichen Exemplare kommerziell gezüchtet werden.

Filigran-Regenbogenfische sollten in einem Artaquarium gepflegt werden, damit sie ihr natürliches Verhalten zeigen. *Iriatherina werneri* kann am ehesten mit Fischen vergesellschaftet werden, die in seinem natürlichen Lebensraum vorkommen, wie dem Gepunkteten Blauauge (*Pseudomugil gertrudae*). Das Aquarium muss genügend Bewegungsfläche in Form von freiem Schwimmraum bieten. Die Gruppe sollte aus mindestens acht bis zwölf Exemplaren (zwei bis drei Weibchen pro Männchen) bestehen.

Entsprechend dem natürlichen Lebensraum sollte das Aquarium eine dichte Randbepflanzung, Schwimmpflanzen, Wurzeln und Javamoos aufweisen. Moos wird gerne als Laichsubstrat genommen. Die Art benötigt außerdem klares und sauberes Wasser ohne starke Strömung.

Pracht-Regenbogenfische sind Dauerlaicher und legen die mit kurzen Fäden versehenen Eier nacheinander zwischen Pflanzen oder Javamoos ab. Sobald der Faden mit Pflanzenteilen in Berührung kommt, bleibt er haften und verkürzt sich, sodass das Ei fest an das Substrat „herangezogen" wird. Die großen, relativ weit entwickelten Larven schlüpfen je nach Wassertemperatur nach ca. fünf bis zwölf Tagen und können mit Staubfutter oder kleinsten *Artemia*-Nauplien gefüttert werden.

Größe: bis 4,5 cm. Temperatur: 22–32 °C, pH: 5,5–7,5

Parotocinclus eppleyi
Peppermint-Oto

Eine der allerkleinsten Harnischwelsarten überhaupt ist *Parotocinclus eppleyi*, auch Peppermint-Oto oder Eppleys Zwergwels genannt. Diese Art kommt aus dem oberen und mittleren Orinoco-Einzug in Südamerika und besiedelt dort etliche Klargewässer.

Die Nanofische gelten als schwierig und sind nicht für Einsteiger zu empfehlen. *Parotocinclus* sind Aufwuchsfresser und brauchen in ihrem Aquarium daher immer gut eingeweichtes braunes Herbstlaub und Wurzeln, die schon lange im Wasser gelegen haben, sodass sie einen entsprechenden Bewuchs aufweisen. Hier können die Zwergwelse Biofilme und feine Algenbeläge abweiden.

Mit der Zeit lassen sich Peppermint-Otos an Futtertabletten für Aufwuchs fressende Welse gewöhnen – ein gut geeignetes Nahrungsmittel für *Parotocinclus*-Arten, die sich eigentlich von feinem Algenwuchs und den sich darin befindenden Mikroorganismen ernähren.

Das Wasser im Habitat von *Parotocinclus eppleyi* ist weich und leicht sauer. Huminstoffe sollten auch im Aquarium zugegeben werden.

Der Peppermint-Oto ist ein Substratlaicher, der seinen Laich an Wurzeln, Pflanzen oder Felsen anheftet. Die Nachzucht im Aquarium ist möglich.

Größe: bis 3 cm. Temperatur: 22–25 °C, pH: 5,5–7,5

Barboides gracilis

Afrikanische Zwergbarbe

Die Zwergbarbe ist in den Küstenregionen West- und Zentralafrikas heimisch. Ihr Verbreitungsgebiet erstreckt sich südöstlich von Benin über Nigeria und Kamerun bis Äquatorialguinea. Sie bewohnt langsam fließende, flache, schattige Regenwaldbäche und Sümpfe mit dichter Ufervegetation. Der Bodengrund ist meist mit abgefallenen Ästen, Baumwurzeln und Laub bedeckt. Das Wasser ist sauer, hat nur eine geringe Karbonathärte, und durch die bei der Zersetzung von organischen Stoffen entstehenden Huminstoffe ist es bräunlich gefärbt, jedoch überwiegend klar.

Barboides gracilis eignet sich hervorragend für ein Nano-Aquarium mit anderen Nanofischen. Mögliche Beifische sind zum Beispiel *Ladigesia roloffi*, *Lepidarchus adonis*, *Corydoras pygmaeus*, *Corydoras hastatus*, *Aplocheilichthys myersi*, *Epiplatys annulatus* oder *Enteromius jae*. Auch zu Garnelen passt die Art sehr gut, da sie aufgrund ihrer Größe adulten Garnelen nicht nachstellt. Vermutlich ernährt sich die Afrikanische Zwergbarbe in der Natur von kleinen Wasserkrebsen, Würmern, Insektenlarven und anderem Zooplankton. Als Futter im Aquarium eignen sich alle kleinen Lebendfuttersorten. Besonders gern werden *Artemia*-Nauplien gefressen, aber auch Nano- oder Staubfutter nimmt die Afrikanische Zwergbarbe gerne an.

Die Beleuchtung sollte eher schwach sein, um die Bedingungen im Habitat zu simulieren. Wasserpflanzen, die unter solchen Bedingungen überleben können, sind beispielsweise *Microsorum*, *Taxiphyllum* oder *Anubias* spp. Schwimmpflanzen dämmen das ins Aquarium fallende Licht zusätzlich. Beachten sollte man, dass die Afrikanische Zwergbarbe nicht in ein neu eingerichtetes Becken gesetzt werden sollte, da sie empfindlich auf Schwankungen der Wasserwerte reagieren kann. Ich empfehle regelmäßige kleine Wasserwechsel (10 % oder weniger des Beckenvolumens), um Stress zu minimieren.

In der Natur findet man sie in Schwärmen vor, deshalb sollte die Zwergbarbe idealerweise in einer Gruppe von mindestens 10 bis 20 Exemplaren gehalten werden.

Größe: bis 1,8 cm. Temperatur: 21–26 °C, pH: 5–7,5

Corydoras habrosus

Marmorierter Zwergpanzerwels

Die Heimat von *Corydoras habrosus* liegt im oberen Einzugsgebiet des Río Orinoco im Osten Kolumbiens und im Westen Venezuelas, wo er Lagunen, Nebenflüsse, überschwemmte Wälder und Grasland sowie Uferzonen bewohnt, in denen nur eine schwache Strömung herrscht. Gerne hält er sich in der Nähe von Wasserpflanzen oder Ästen und Baumwurzeln auf.

Bevorzugt leben Marmorierte Zwergpanzerwelse in weichem oder mittelhartem Wasser mit einer Gesamthärte von nicht über 15 °dGH, einem pH-Wert zwischen 6 und 7,5 und bei Wassertemperaturen von 23 bis 26 Grad. Das Wasser sollte möglichst sauber und klar sein.

Der Bodengrund für ein Aquarium mit *Corydoras habrosus* sollte aus feinem Sand bestehen, damit die kleinen Panzerwelse gründeln und das Substrat nach Nahrung durchkauen können. Man kann das Aquarium gut bepflanzen, sollte aber auf genügend freie Sandflächen achten, auf denen die geschäftigen kleinen Zwergpanzerwelse nach Futter buddeln können.

Als Allesfresser nehmen Zwergpanzerwelse sowohl Futtertabletten als auch sinkendes Frost- oder Lebendfutter wie *Tubifex*, Glanzwürmer oder Rote Mückenlarven an.

Die Geschlechter sind schwer zu unterscheiden: Die Weibchen sind lediglich etwas größer und fülliger als die schlanken Männchen.

Mit kleinen friedlichen Fischen, Garnelen und Wasserschnecken funktioniert die Vergesellschaftung gut; Corys stellen Garnelen nicht nach. Unvorsichtige Babygarnelen, die ihnen praktisch ins Maul spazieren, können jedoch gefressen werden.

Größe: bis 3,5 cm. Temperatur: 20–26 °C, pH: 5,5–7,5

Pethia aurea
Goldene Fleckenbarbe

Die Goldene Zwergbarbe oder Goldene Fleckenbarbe ist derzeit nur aus einer Reihe von Teichgewässern aus der Gangesdelta-Region im Bundesstaat Westbengalen in Nordindien bekannt. Sie ist eine der kleinsten Barbenarten Indiens. Die Männchen werden nur selten länger als 2,5 cm, die Weibchen sind etwas größer.

Mittlerweile hat sich herausgestellt, dass unter dem Namen Fleckenbarbe mindestens drei verschiedene Arten in den Handel kommen: *Pethia gelius*, *P. canius* und *P. aurea*. Die Arten sehen einander sehr ähnlich und lassen sich optisch kaum auseinanderhalten. Gemeinsam ist ihnen, dass sie – wie Keilfleckbarben – mit dem Bauch nach oben unter Pflanzenblättern ablaichen.

Egal, welche der drei Arten man bekommt: Es sind friedliche Schwarmfische, die man in einer Gruppe von zehn bis zwölf Tieren pflegen sollte und denen man mit Totlaub, Torf, Erlenzäpfchen und Wurzeln in ihrem Aquarium einen Gefallen tut.

Vermutlich ist die Goldene Fleckenbarbe ein Mikroprädator, der sich in der Natur von kleinen Insekten, Würmern, Krustentieren und anderem Zooplankton ernährt. Im Aquarium nimmt sie Trockenfutter in geeigneter Größe an, sollte aber nicht ausschließlich damit gefüttert werden. Tägliche Mahlzeiten mit kleinen lebenden und gefrorenen Futtertieren wie Daphnien, Artemien usw. zusätzlich zu Flocken und Granulat von guter Qualität führen zu einer optimalen Ausfärbung und fördern die Fortpflanzungsbereitschaft der Fische.

Wie die meisten kleinen Cypriniden sind auch *Pethia* Freilaicher, die keine elterliche Fürsorge zeigen. Bei guten Bedingungen laichen sie häufig ab, und in einem eingefahrenen Aquarium ist es möglich, dass ohne Eingreifen eine kleine Anzahl von Jungfischen auftaucht.

Größe: bis 2,5 cm. Temperatur: 18–24 °C, pH: 6–7,5

Hyphessobrycon flammeus

Roter von Rio

Der Rote von Rio, auch Flammentetra genannt, kommt in kleineren Fließgewässern rund um Rio de Janeiro in Brasilien vor. Leider ist er in seinem Habitat so gut wie gar nicht mehr anzutreffen und steht auf der Roten Liste der gefährdeten Arten. Seit dem Erstimport 1924 ist die Art in unseren Aquarien ständig präsent, die Nachzucht der sehr produktiven Fische ist leicht.

Der Rote von Rio mag ein gut bepflanztes Aquarium, in dem er sich zwischen die Pflanzen zurückziehen kann. Hin und wieder wird ein kleiner Bereich als Revier beansprucht, der gegen scheinbare Eindringlinge recht ruppig verteidigt wird. Häufig ist das der Fall, wenn die Salmler einzeln gehalten werden – dann verhalten sich nicht nur die Männchen, sondern auch die Weibchen so. Für eine artgerechte Haltung braucht es daher eine Gruppe von mindestens sechs bis acht Exemplaren.

Der Rote von Rio braucht sauberes, klares Wasser, nimmt aber mit jedem normalen Leitungswasser vorlieb. In Aquarien ab 40 Litern kann man bereits eine kleine Anzahl der Fische pflegen, besser eignen sich größere Becken ab 54 Litern, vor allem, wenn man sie in Gesellschaft anderer Zierfische pflegen will. Das Aquarium braucht einen dunklen Bodengrund, dichte Bepflanzung, genügend Platz zum Schwimmen sowie großblättrige Schwimmpflanzen.

H. flammeus ernährt sich in der Natur hauptsächlich von Würmern, Insektenlarven und anderem Zooplankton. Im Aquarium nimmt er neben Trockenfutter und Granulat kleines Lebend- und Frostfutter.

Kräftiges Füttern mit Lebendfutter steigert die Laichbereitschaft. Das Weibchen legt bei der Paarung ca. 200 Eier zwischen oder an Pflanzen ab. Zur gezielten Zucht ist ein Zuchtaquarium sinnvoll. Nach dem Ablaichen entfernt man die Elternfische, da sie Laichräuber sind, oder man stattet das Becken mit einem Laichrost aus. Die Fischlarven schlüpfen bei einer Wassertemperatur von ca. 25 °C nach einem bis zwei Tagen und schwimmen nach weiteren vier bis fünf Tagen frei. Sie können zunächst mit Staubfutter oder frisch geschlüpften *Artemia*-Nauplien, danach zum Beispiel mit *Cyclops* gefüttert werden.

Größe: bis 4 cm. Temperatur: 22–28 °C, pH: 6,5–7,5

Brachygobius nunus

Bombay-Goldringelgrundel

Beschrieben wurde die Bombay-Goldringelgrundel aus dem Gangesdelta südlich von Kalkutta im Bundesstaat Westbengalen, wobei sie auch aus anderen Teilen Indiens bekannt ist; weitere Vorkommen gibt es in Bangladesch, Sri Lanka und möglicherweise Myanmar. Die Art bewohnt sowohl Süß- als auch Brackwasser und ist im Allgemeinen auf Tiefland- und Küstengebiete wie Mangrovensümpfe, Flussmündungen und Gezeitenströme beschränkt.

Das Bodensubstrat besteht in der Regel aus Schlamm, Sand und Schlick mit darüberliegendem organischem Material wie Laubstreu, Mangrovenwurzeln und gesunkenem Treibholz. Im Aquarium kann man dem normalen Aquariensand zerkleinerte Korallen oder Korallensand beimischen, die als pH-Puffer wirken, oder etwa zwei Gramm pro Liter Meersalz hinzufügen. Starke Strömung mögen die Grundeln nicht; ein luftbetriebener Filter ist ideal.

Die Bombay-Goldringelgrundel eignet sich kaum für eine Vergesellschaftung und sollte am besten im Artaquarium gehalten werden. Obwohl vor allem die Männchen untereinander territorial sind, ist eine Gruppe von sechs oder mehr Tieren vonnöten; erst ab dieser Anzahl verteilen sich die innerartlichen Aggressionen ausreichend auf die Individuen; zudem sind die Fische dann mutiger und zeigen ein natürlicheres Verhalten.

Kleines Lebendfutter wie Artemien, Daphnien oder *Cyclops* ist unverzichtbar. Einige Exemplare können auch an Frostfutter gewöhnt werden. Flockenfutter oder Granulat werden in der Regel ignoriert.

Größe: bis 2,5 cm. Temperatur: 20–28 °C, pH: 4,5–7,5

Lepidarchus adonis

Adonissalmler

Der Adonissalmler ist bislang der einzige bekannte Vertreter der Gattung *Lepidarchus*. Er kommt in kleinen Küstenseen Ghanas und der Elfenbeinküste in Gewässern mit einem leicht sauren pH-Wert und einer recht hohen Wassertemperatur von 22 bis 28 °C vor. Die friedlichen Fische leben in kleinen Schwärmen. Das sollte man beim Kauf berücksichtigen und mindestens zehn bis zwölf Tiere erwerben.

Weil er an die Wasserqualität hohe Ansprüche stellt, ist der Adonissalmler für Anfänger eher nicht geeignet. Im Habitat hält er sich meist in der Nähe des Bodengrunds auf. Das Aquarium sollte gut bepflanzt sein und durch Schwimmpflanzen etwas abgeschattet werden. Bevorzugt wird ein eher schwach beleuchtetes Becken. Der kleine Fisch reagiert empfindlich auf schwankende oder schlechte Wasserbedingungen wie beispielsweise auf erhöhte Nitratwerte, und er sollte niemals in ein nicht eingefahrenes Aquarium gesetzt werden.

Der Adonissalmler lässt sich in einem gut bepflanzten Aquarium problemlos mit Garnelen und anderen friedlichen Nanofischen wie Bärblingen, kleinen Salmlern, *Corydoras* oder kleinen Harnischwelsen vergesellschaften, fühlt sich aber auch im Artbecken wohl.

Im Aquarium kann er mit Trockenfutter gefüttert werden, aber wie die meisten Fische entwickelt er die schönsten Farben und optimale Gesundheit, wenn er regelmäßig mit lebendem und gefrorenem Futter wie Roten oder Schwarzen Mückenlarven, Daphnien oder Artemien ernährt wird.

Geschlechtsreife Weibchen haben einen deutlich runderen Körper und sind etwas größer als die Männchen. Diese tragen auf der hinteren Körperhälfte und der Schwanzflosse purpurfarbene Flecken, die Weibchen sind nahezu durchsichtig.

Der Adonissalmler ist ein typischer Freilaicher, das heißt, er gibt seine Eier einfach ins freie Wasser ab. Die Larven schlüpfen schon nach 36 Stunden, schwimmen aber erst nach einer Woche frei.

Größe: bis 2,5 cm. Temperatur: 22–26 °C, pH: 6–7,5

Hara jerdoni

Deltaflügelzwergwels

Dieser kleine Wels aus Indien und Bangladesch ist mit zwei Zentimeter Körperlänge ein richtiger Nanofisch. Die Art besiedelt in der Natur langsam fließende Bäche und kleine Flüsse. Seine bevorzugten Lebensräume sind durch weiche Substrate wie Sand oder Schlamm gekennzeichnet.

Typisch sind die abgespreizten Brustflossen, die an die Form eines Deltaflügel-Flugzeugs erinnern. Die Färbung ist mit vielen Braun- und Beigetönen eher unauffällig.

Deltaflügelzwergwelse sind nachtaktiv. Tagsüber leben sie in Gruppen zusammen in einer Höhle oder zwischen Pflanzenwurzeln. Erst, wenn sie sich gut eingelebt haben, kommen sie auch tagsüber zum Fressen zum Vorschein. Am einfachsten gewöhnt man sie mit Lebendfutter wie *Artemia*-Nauplien oder *Tubifex* an Futterzeiten während des Tages.

Am besten hält man *Hara jerdoni* in einer Gruppe von vier bis fünf Exemplaren in einem nicht zu hellen Aquarium mit ca. 50 Liter Inhalt. Es sollte mit Sand oder feinem Kies eingerichtet werden, da sich die Welse gerne eingraben. Das Wasser sollte weich sein und nur eine leichte Strömung aufweisen.

Die Nachzucht im Aquarium ist bereits geglückt. Die Eier werden in feinfiedrigen Wasserpflanzen abgelegt. Die Jungtiere benötigen Kleinstfutter wie Rädertierchen zur Aufzucht. Adulte Tiere fressen alles an Frost- und Lebendfutter, welches sie vom Boden aus erreichen können. Bevorzugt werden aber *Tubifex* und Rote Mückenlarven.

Trotz ihrer geringen Größe stellen Zwergflügelwelse eine Gefahr für Junggarnelen dar und sollten daher eher nicht mit Zwerggarnelen vergesellschaftet werden. Mit friedlichen Nanofischen dagegen gibt es keine Probleme.

Größe: 2–3 cm. Temperatur: 18–25 °C, pH: 6,5–7,5

Heterandria formosa

Zwergkärpfling

Der Zwergkärpfling stammt aus South Carolina und Florida, wo er in pflanzenreichen, langsam fließenden oder stehenden kleinen Gewässern vorkommt. Man findet die kleinen Lebendgebärenden sogar in brackigen Mündungsbereichen. Die Zwerge galten als kleinster Fisch der Welt, wurden aber von anderen, noch kleineren Arten abgelöst. Sie gelten jedoch immer noch als die kleinste Fischart Nordamerikas.

Das Männchen wird nur zwei Zentimeter groß und hat im Verhältnis dazu ein relativ langes Gonopodium (die zum Begattungsorgan umgewandelte Afterflosse). Der Körper der adulten Männchen ist flach, der der Weibchen hat einen fast kreisrunden Querschnitt; sie werden auch etwas größer als die Männchen.

Der Zwergkärpfling ist ein verhältnismäßig anspruchsloser, leicht zu haltender Vertreter der Lebendgebärenden Zahnkarpfen. Man hält ihn am besten in einer kleinen Gruppe von 10 bis 15 Individuen in einem kleinen Artbecken, dessen Wassertemperatur möglichst unter 26 °C bleiben sollte. Die Männchen besetzen selbst in kleinsten Aquarien Reviere, die sie vehement gegen andere Männchen verteidigen.

Die Fortpflanzung unter passenden Bedingungen ist im Aquarium unproblematisch. Ausgewachsene Weibchen können über zwei Wochen hinweg täglich bis zu fünf Junge zur Welt bringen, ohne sich nochmals zu paaren.

Besonders gern fressen Zwergkärpflinge kleines lebendes oder gefrorenes Futter wie Artemien, Daphnien oder *Cyclops*. Sie zupfen auch an Algen, daher sollte man darauf achten, dass ihr Futter pflanzliche Anteile enthält. Falls keine Algen vorhanden sind, eignen sich zerkleinerte *Spirulina*-Flocken gut.

Größe: 2–3,5 cm. Temperatur: 20–26 °C, pH: 7–8

Pseudomugil gertrudae

Geflecktes Blauauge

Diese Art wurde von den zu West-Guinea gehörenden Aru-Inseln beschrieben, die heute Teil Indonesiens sind. Gefleckte Blauaugen kommen auch im nördlichen Teil Australiens vor, wo sie die flachen Uferzonen langsam fließender oder stehender Gewässer besiedeln. Man findet sie meist in dichten Gruppen von Wasserpflanzen, zwischen ins Wasser gefallenen Ästen, Baumwurzeln oder Laub.

Die Art ist recht friedlich und scheu und lässt sich am besten im Artbecken oder zusammen mit anderen Nanofischen von vergleichbarer Größe, Veranlagung und Ansprüchen vergesellschaften. Auch mit Süßwassergarnelen der Gattungen *Caridina* und *Neocaridina* ist die Haltung unproblematisch. Gefressen wird im Aquarium neben feinem Trockenfutter auch kleines Lebend- und Frostfutter.

Als Schwarmfische sollten die Blauaugen in einer Gruppe von mindestens acht bis zehn Exemplaren gehalten werden. Die Männchen zeigen ihre schönsten Farben und ihr faszinierendes Verhalten, wenn sie um die Aufmerksamkeit der Weibchen konkurrieren. Die Männchen sind insgesamt farbenfroher, etwas hochrückiger und haben vergrößerte Flossen. Bei der Balz tanzen sie mit ihren langen Brustflossen wie Schmetterlinge vor den Weibchen, weshalb sie auch gerne als Schmetterlingsfische bezeichnet werden. Die Weibchen sind etwas rundlicher und blasser gefärbt.

Die Art gehört zu den Haftlaichern und laicht bevorzugt in feinblättrigen Pflanzen oder Moosen ab. Das etwa zwei Millimeter große Ei verfügt über Haftfäden, die es bei Berührung fest an das Laichsubstrat heranziehen. Da Gefleckte Blauaugen Laichräuber sind, sollte ihnen das Laichsubstrat spätestens alle drei Tage weggenommen und in einer Schüssel separat ausgebrütet werden. Um Laichverpilzungen zu verhindern, sollten Weidenrinde, Erlenzapfen oder Seemandelbaumblätter gegeben werden.

Die mit bloßem Auge kaum zu erkennenden Larven schlüpfen temperaturabhängig nach 12 bis 14 Tagen. Sie ernähren sich in den ersten beiden Tagen von ihrem Dottersack. Danach werden sie mit Infusorien angefüttert und bewältigen nach ca. fünf bis sieben Tagen auch frisch geschlüpfte *Artemia*-Nauplien. Die Jungfische wachsen sehr langsam und sollten erst mit ca. drei Monaten zu ihren Eltern gesetzt werden.

Größe: 3–4 cm. Temperatur: 25–30 °C, pH: 6–7,5

Trigonostigma espei

Espes Keilfleckbärbling

Offenbar gibt es zwei Hauptpopulationen dieser Art, eine im äußersten Südwesten Thailands und die andere im Südosten des Landes an der Grenze zu Kambodscha. Die Farbe der Fische kann je nach Fundort variieren: Beispielsweise sind Exemplare aus der Provinz Krabi im Süden Thailands intensiver rötlich gefärbt als die aus der Provinz Chanthaburi im Osten. Am häufigsten besiedelt Espes Keilfleckbärbling langsam fließende Abschnitte von Waldbächen und Nebenflüssen mit üppigem Wasserpflanzenwuchs. Das Wasser ist durch Huminstoffe oft leicht braun gefärbt. Der Bodengrund ist mit abgefallenen Blättern, Zweigen und Ästen übersät.

Die Art ist sehr friedlich, was sie zu einem idealen Bewohner für ein gut gepflegtes Gesellschafts- oder Nano-Aquarium macht. Da Espes Keilfleckbärbling keine extremen Ansprüche an die Wasserchemie stellt, kann er mit Zwerggarnelen und auch mit vielen der beliebtesten Fische im Hobby kombiniert werden, darunter andere kleine Bärblinge sowie Salmler, Lebendgebärende, Zwergbuntbarsche, Welse und Schmerlen. Bei der Auswahl eines passenden Fischbesatzes muss man auf die geringe Größe der Art Rücksicht nehmen.

T. espei ist von Natur aus ein Schwarmfisch und sollte in einer Gruppe von mindestens acht bis zehn Exemplaren gepflegt werden. Diese Haltung macht die Fische nicht nur weniger nervös, sondern sorgt auch für ein natürlicheres Verhalten. Die Männchen zeigen ihre besten Farben, wenn sie um die Aufmerksamkeit der Weibchen konkurrieren.

Adulte Weibchen sind etwas rundlicher und größer als die farbenprächtigeren Männchen. Die Art betreibt keine Brutpflege. Die Eier werden an der Unterseite von breiten Pflanzenblättern oder anderen Gegenständen befestigt, und in einem dicht bepflanzten und gut eingefahrenen Aquarium ist es möglich, dass sich auch ohne menschliches Eingreifen eine kleine Anzahl von Jungtieren entwickelt.

Gefressen wird neben feinem Granulat- und Flockenfutter auch feines Lebend- und Frostfutter.

Größe: 2,5–3 cm. Temperatur: 20–24 °C, pH: 5,5–7,5

Paedocypris progenetica

Echter Nanobärbling

Bisher sind nur drei Arten aus der Gattung *Paedocypris* beschrieben, die zu den Karpfenartigen gehört: *Paedocypris carbunculus* (Kalimantan Tengah, Borneo), *P. micromegethes* (Sarawak, Borneo) und *P. progenetica* (Sumatra und Bintan). Die Weibchen von *Paedocypris progenetica* sind mit 7,9 Millimetern weltweit die kleinsten bekannten Süsswasserfische und gehören nach dem Frosch *Paedophryne amauensis* (7,7 Millimeter) zu den kleinsten bekannten Wirbeltieren.

In ihrer Heimat leben die *Paedocypris*-Arten in Schwarz- oder Klarwasserbächen mit wenig Strömung. Sie sind eng mit der Gattung *Sundadanio* verwandt, die in diesem Buch ebenfalls einen Platz gefunden hat. Diese Fische sind pädomorph – das heißt, sie zeigen trotz Geschlechtsreife teilweise Merkmale von Fischen, die sich noch im Larvenstadium befinden. Die Art ist oft farblos durchsichtig, einige Tiere zeigen jedoch auch eine rötliche Färbung. Paarungsbereite Männchen sind kristallrot und haben einen roten Streifen auf dem Kopf, der wie ein Signallicht eingesetzt wird, um die Weibchen zum Laichplatz zu locken.

Die Männchen von *Paedocypris* besetzen kleine Reviere unterhalb von Blättern. Zur Zucht benötigen sie saures Wasser mit einem pH-Wert von 4,5 bis 5. Ähnlich wie bei anderen Bärblingen stellt sich während der Balz das Männchen mit dem Bauch nach oben unter das Blatt und wartet in dieser Stellung auf das Weibchen, das sich neben ihm in dieselbe Position begibt. Die Eier werden an die Blattunterseite angeheftet.

Meine Tiere sind nicht sehr wählerisch, was das Futter betrifft, und nehmen sowohl Staubfutter als auch Nanofutter sehr gut an. An Lebenfutter fressen sie gerne Rädertierchen, Pantoffeltierchen oder *Artemia*-Nauplien.

Wichtig bei der Handhabung ist vor allem das Herausfangen sowohl im Handel als auch zu Hause. Die Tiere vertragen Luft nur sehr schlecht. Fängt man sie mit einem normalen Netzkescher, kann man nach dem Einsetzen sehen, dass sich Luftblasen im Körper gebildet haben. Die Fische können nicht mehr normal schwimmen und verenden in der Folge. Zum Fang muss daher ein Schöpfgefäß verwendet werden, in dem sie stets unter Wasser bleiben. So überstehen sie den Fangprozess unbeschadet.

Größe: 0,8 bis 1 cm. Temperatur: 23–27 °C, pH: 4,5–7,5

Trichopsis pumilus

Knurrender Zwerggurami

Der Knurrende Zwerggurami gehört zu den Labyrinthfischen. Er stammt aus kleinen warmen und stark verkrauteten Tümpeln und Gräben in Südostasien von Thailand bis Laos und Vietnam. Die Art benötigt – abgesehen von einem Heizstab – keine aufwendige Aquarientechnik. Zum Atmen suchen die Zwergguramis regelmäßig die Wasseroberfläche auf. Ihr Aquarium kann auf der Fensterbank stehen, jedoch nicht in direkter Sonne. Es sollte, ähnlich wie im Habitat, dicht verkrautet sein. Schwimmpflanzen sorgen für Schattenecken. Als Bodengrund bietet sich grober bis feiner Aquarienkies an. Eine Unterwasserlandschaft aus Steinen und Wurzeln ermöglicht Verstecke und Brutplätze.

Männchen und Weibchen kann man durch die unterschiedliche Flossenform unterscheiden. Die Rückenflosse des Männchens läuft spitz zu, während die des Weibchens eher rund ist. Auch zeigen die Weibchen den sogenannten Laichfleck, einen schwarzen Fleck unten am Bauch hinter dem Magen.

Die Männchen bauen Schaumnester, nicht nur an der Wasseroberfläche, sondern auch in Höhlen oder an Wasserpflanzen. Bei der Balz und unter Stress geben die Fische knurrende Geräusche von sich, was ihnen ihren Trivialnamen verlieh. Vor allem die Männchen können sehr territorial werden; sie beanspruchen ein Revier von 25 Zentimter Kantenlänge, das aktiv verteidigt wird. In der Balz und während der intensiven Brutpflege verjagen sie selbst doppelt und dreimal so große Beifische.

Knurrende Zwergguramis sind Gruppenfische, die mindestens ab sechs Tieren gehalten werden sollten. Zwar werden die Tiere häufig für kleine Nano-Aquarien angeboten, jedoch benötigen sie mindestens ein Aquarium mit 50 Litern. Sie sollten nicht mit zu kleinen Beifischen oder jungen Lebendgebärenden gehalten werden, da die hervorragenden Jäger quasi alles ins Maul nehmen, das fressbar und lebendig erscheint. Selbst ausgewachsene Zwerggarnelen können ernsthaft verletzt werden. Knurrende Zwergguramis sind reine Fleischfresser und brauchen entsprechend kleines Lebend- und Frostfutter.

Größe: 3–4 cm. Temperatur: 24–29 °C, pH: 5,5–7,5

Rasboroides vaterifloris

Perlmuttbärbling

Der Perlmuttbärbling ist im Südwesten Sri Lankas endemisch. Er ist auf die Einzugsgebiete der Flüsse Kalu, Bentota, Gin und Nilwala in der südwestlichen Feuchtzone der Insel beschränkt. Dort besiedelt er vor allem stärker beschattete Waldbäche mit sandigem Untergrund und viel Falllaub. Aufgrund menschlicher Aktivitäten ist in seinen Habitaten nur noch wenig Wald vorhanden, sodass sich Lebensraum und Wasserqualität stark verschlechtert haben; viele dort heimische Fischarten gelten inzwischen als vom Aussterben bedroht.

Das Aquarium für Perlmuttbärblinge sollte dicht bepflanzt sein, mehrere Versteckmöglichkeiten enthalten und gleichzeitig viel freien Schwimmraum bieten. Eine leichte Strömung wird empfohlen. Da die Fische aus dem Wasser springen können, sollte es gut abgedeckt werden. Von Vorteil sind Schwimmpflanzen, die das Aquarium etwas abschatten. Diese Fische reagieren äußerst empfindlich auf Wasserverunreinigungen, regelmäßige Wasserwechsel sind ein Muss.

Magenuntersuchungen haben gezeigt, dass wild lebende Exemplare in erster Linie Mikroprädatoren sind, die sich von wirbellosen Tieren und Kleinstorganismen ernähren. Im Aquarium kann man sie mit Trocken- oder Frostfutter füttern, wobei man mindestens ein- bis zweimal die Woche Lebendfutter anbieten sollte. Daphnien, Rote, Schwarze und Weiße Mückenlarven sind wie auch *Artemia*-Nauplien hierfür gut geeignet.

Ausgewachsene Männchen sind erheblich kleiner, schlanker und vor allem in Balzfärbung deutlich farbenfroher als die Weibchen. Der Perlmuttbärbling sollte in einem größeren Schwarm mit mindestens zehn Fischen gehalten werden. Als Freilaicher legen die Weibchen ihre Eier zwischen feinblättrigen Wasserpflanzen ab, wo diese dann zu Boden sinken und von den Männchen befruchtet werden. Die Elternfische betreiben keine Brutpflege. Bisher sind noch keine Berichte über Nachzuchten im Aquarium bekannt.

Größe: 3–4 cm. Temperatur: 23–28 °C, pH: 5,5–7,5

Nannostomus sp. „Amaya"

Scharlachroter Zwergziersalmler

Bisher gibt es von dieser Art nur sehr wenige Habitatberichte, und auch im Aquarium ist diese neue *Nannostomus* Art noch nicht wirklich angekommen. Das liegt zum einen an ihrer Herkunft: der Rio Amaya ist ein weit abgelegener Zufluss des Rio Maranon, dessen Gebiet nur schwer zugänglich ist. Dadurch werden diese Fische noch relativ teuer verkauft. Auch ist nicht gesichert, ob bisher nur Männchen in den Handel kommen – Gerüchten zufolge exportieren die Fänger in Peru und auch die Exporteure keine Weibchen. Andere behaupten, dass zwar durchaus auch Weibchen verkauft werden, diese jedoch einer anderen Art der Gattung gehören; so können die Fische erst einmal nicht nachgezüchtet werden und die Preise werden künstlich hoch gehalten.

In meinem Aquarium machen die Fische einen ruhigen Eindruck. Es handelt sich eindeutig um Gruppenfische, sie schwimmen jedoch nicht immer im Schwarm.

Mit ihren kleinen Mäulern können sie nur feines Fischfutter aufnehmen; adulten Garnelen werden sie nicht gefährlich. Da die Fische jagen, sind Würmer wie Tubifex und kleine Krebstiere wie beispielsweise Mexikanische Flohkrebse ebenso potentielles Lebendfutter wie frisch geschlüpfte Junggarnelen.

Der Rio Amaya ist ein Schwarzwasserbach, dessen Wasser sehr dunkel gefärbt, ja fast schon rot von den vielen Humin-stoffen ist – die Fische vertragen jedoch auch klares, weiches Wasser ohne Probleme.

Der Bodengrund im Habitat ist übersät mit großen Steinen, die meist auf sandigem Untergrund liegen. Ich pflege meine *Nannostomus* sp. „Amaya" bei Zimmertemperatur und achte auf sehr sauerstoffreiches Wasser. Im Habitat herrscht eine gute Strömung, die viel Sauerstoff ins Wasser sprudelt.

Da der Fisch erst seit 2021 im Handel ist, gilt es noch vieles in Erfahrung zu bringen – so ist die Nachzucht beispielsweise noch nicht geglückt.

Grösse: bis 3,5 cm. Temperatur: 20–24 °C, pH: 5,5–7,5

Boraras micros

Microrasbora

Diese Art ist hauptsächlich auf Teile des Mekong-Beckens im Nordosten Thailands beschränkt, wo sie in den Provinzen Nong Khai, Udon Thani und Sakon Nakhon gesammelt wurde. Sie soll auch in Laos vorkommen, aber die Vorkommen sind bisher nicht gesichert. Die Fische besiedeln flache Gewässer wie Sümpfe oder Überschwemmungsgebiete. In den überwiegend klaren Gewässern wächst eine dichte Unterwasservegetation, und es ist bekannt, dass sie während der Regenzeit auch in vorübergehend überschwemmte Gebiete vordringt.

Im Aquarium mögen die Winzlinge auch eine dichte Bepflanzung, in der sie Deckung finden. Microrasboras sind eine ausgezeichnete Wahl für eine sorgfältig gestaltete Einrichtung. Einige Schwimmpflanzen und Wurzeln oder Äste aus Treibholz, die das in das Becken einfallende Licht streuen, werden ebenfalls sehr geschätzt und sorgen für eine natürlichere Anmutung.

Die Filterung muss nicht besonders stark sein, da *Boraras micros* meist aus langsam fließenden oder stehenden Gewässern stammt und bei schneller Strömung eher Schwierigkeiten haben kann. Die Art ist sehr friedlich, eignet sich aber aufgrund ihrer geringen Größe und ihres eher schüchternen Charakters nur bedingt für eine Vergesellschaftung. Sie lässt sich am besten allein oder mit anderen kleinen Arten wie *Microdevario, Sundadanio, Danionella, Eirmotus, Trigonostigma*, Zwerg-*Corydoras* und kleinen Loricariiden wie *Otocinclus* halten. Bei mir schwimmen sie mit *Sundadanio axelrodi*. Das passt sehr gut, weil beide ein ähnliches Fressverhalten haben: Sie nehmen fast ausschließlich Futter aus dem Wasser auf, und suchen weder am Boden noch an der Oberfläche.

Größe: bis 1,5 cm. Temperatur: 20–28 °C, pH: 5,5–7,5

Betta splendens / Zuchtformen

Siamesischer Kampffisch

Der Siamesische Kampffisch *Betta splendens* ist einer der beliebtesten Aquarienfische weltweit. Genau wie die Wirbellosen, also Garnelen, Krebse und Schnecken, hat auch er eine starke Community, die ihm treu ergeben ist. Viele Produkte auf dem Markt wurden eigens für diesen Fisch entwickelt, vom Futter über diverses Zubehör: Dinge wie Spiegel oder Laserpointer ermöglichen es seinem Halter, mit dem *Betta* zu spielen. Wird man seinen unkomplizierten Ansprüchen gerecht, belohnt er einen mit seiner gesamten Palette an Schönheit und interessanten Verhaltensweisen.

Abgesehen von der bestechenden Farben- und Formenvielfalt bringt der Einzelgänger seine individuelle, faszinierende Persönlichkeit mit, die sich schnell an seinem Verhalten gegenüber anderen Aquarienbewohnern wie beispielsweise Garnelen oder Schnecken zeigt. Manche „Kafis" sind dominant und gehen jeden und alles im Aquarium an, während andere eher friedlich und zurückgezogen leben.

Ursprünglich stammt der Siamesische Kampffisch aus den Reisfeldern, Teichen, Bächen und Sümpfen Thailands. Sein Revier hat ungefähr die Größe eines 30 Liter fassenden Cubes. Er schwimmt seine Reviergrenzen regelmäßig ab und sucht nach Störenfrieden. Wagt sich tatsächlich ein Mitbewohner in diese „No-Go-Zone", wird dieser je nach Charakter des Bettas verjagt, bekämpft oder sogar getötet.

Viele Männchen dulden selbst das Weibchen nur während der Paarungszeit. Nach einem aufregenden Balzspiel darf es zum Ablaichen unter sein selbstgebautes Schaumnest kommen. Das Männchen umschlingt das Weibchen; nun werden die Eier abgegeben. Besonders dominante Männchen verjagen das Weibchen daraufhin wieder aggressiv.

In seltenen Ausnahmen wird das Weibchen aber auch geduldet und darf dem Männchen beim Aufsammeln der Eier helfen. Die Brutpflege übernimmt das Männchen allerdings immer alleine. Sollten Eier aus dem Nest fallen, sammelt es diese auf und bringt sie wieder zurück. Das Männchen bewacht das Schaumnest und putzt die Eier, um sie vor Verpilzung zu schützen. Auch wedelt es ihnen mit den Flossen sauerstoffreicheres Wasser zu.

Nach etwa zwei Tagen schlüpfen die Jungen. Sie ernähren sich die ersten Tage von ihrem Dottersack, danach schwimmen sie frei und begeben sich auf Futtersuche. Während der ganzen Brutpflegezeit nehmen die Männchen kaum Nahrung auf; so sorgt die Natur dafür, dass sie nicht versehentlich ihre Brut fressen.

Die Aufzucht ist keinesfalls einfach und erfordert einiges an Erfahrung. Intensiv wird es ab dem zweiten Monat, wenn die Jungfische gut gewachsen sind. Dann kommen sie langsam ins Flegelalter und beginnen, mit ihren Geschwistern zu kämpfen. Spätestens nun müssen die Fische separiert werden, was vor allem bei einem großen Gelege schon einigen Platz und ziemlich viel Zeit erfordert.

Der Kampffisch braucht ein dicht bepflanztes, gut abgedecktes Aquarium von 25 bis 50 Liter Größe mit eher schummeriger Beleuchtung, keine oder nur schwache Strömung und eine Wassertemperatur von 25 bis 28 °C. Der pH-Wert kann sich zwischen 6,5 und 7,5 bewegen, die Wasserhärte spielt keine wichtige Rolle.

Der *Betta* ist rein karnivor, daher sollte hauptsächlich Lebend- und Frostfutter angeboten werden. Es ist darauf zu achten, dass *Betta*-Granulatfutter aus dem Handel überwiegend aus tierischen Inhaltsstoffen besteht. Futter für omnivore Aquarienfische kann beim *Betta* zu Verdauungsstörungen führen.

Bei guter Pflege wird ein Kampffisch zwei bis drei Jahre alt, man hat auch schon von deutlich älteren Individuen gehört.

Wer dem *Betta* etwas Unterhaltung bieten möchte, kann ihm einen kleinen Spiegel vorhalten. Er nimmt sein Spiegelbild als Rivalen wahr und beginnt, seine Flossen zu spreizen. Die Kiemendeckel werden aufgeklappt, und das sehenswerte Imponiergehabe beginnt.

Betta splendens / Zuchtformen

Es gibt beim *Betta splendens* unglaublich viele Varianten von Farben und Flossenformen mit schillernden Namen: Beim Halfmoon hat die Schwanzflosse die Form eines Halbmondes, beim Crowntail wirkt sie kronenartig gezackt. Die Schleierform heißt Veiltail, und dann gibt es noch den Delta, den Super Delta, den Doubletail, den Spadetail, den Rosetail und den Dumbo, der manchmal auch als Big Ear gelistet ist. Die riesigen Brustflossen sind sein Markenzeichen.

Neben den klassischen Zeichnungs- und Farbformen tauchten die gescheckten, vielfarbigen Koi-Kampffische erst vor wenigen Jahren in der Aquaristik auf. Alle Farbvarianten gibt es in lang- und kurzflossiger Version. Die Kurzflosser sind in Insiderkreisen auch als Plakat bekannt. Sie sind im Allgemeinen aktiver und weniger anfällig für Flossenprobleme.

Die Farb- und Musterpalette ist riesig! Eine kleine Auswahl habe ich auf der nächsten Seite zusammengetragen. Bei der Farbenvielfalt bleiben eigentlich keine Wünsche offen, getreu dem Motto: „Es gibt nichts, was es nicht gibt."

30-Liter-NanoCube

30-Liter-NanoCube

Neocaridina davidi

Rückenstrichgarnelen

Die ersten Red-Cherry-Garnelen wurden von Aquarium Dietzenbach im Jahr 2002 aus Taiwan nach Deutschland importiert. Die roten Garnelen sind die wohl älteste Farbvariante der in Südostasien weit verbreiteten, ursprünglich aus Ostchina stammenden Rückenstrichgarnele *Neocaridina davidi*.

Seitdem sind über 20 Jahre vergangen, und es gibt mittlerweile eine ganze Palette von bunten *Neocaridina*, die im Handel angeboten werden. Sie sind deshalb so beliebt bei Aquarianern und vor allem bei Einsteigern, weil sie sehr robust und bunt sind und sich einfach vermehren lassen; außerdem sind sie sehr interessant zu beobachten.

An die Haltungsbedingungen stellt die Art wenig Ansprüche. Bereits in Nano-Aquarien mit zehn Liter Inhalt kann sie erfolgreich gehalten und sogar gezüchtet werden. Zu beachten ist allerdings, dass ein solches Minibecken in der Regel nur von erfahrenen Aquarianern über längere Zeit stabil gehalten werden kann. Da sich die Tiere zudem relativ schnell vermehren, ist ein größeres Aquarium besser.

Wie viele andere Garnelenarten können *Neocaridina* als exzellente Algen- und Biofilmvertilger das Aquarium von Schmieralgen und anderen Algenbelägen befreien. Im Gegensatz zur gängigen Meinung bewältigen sie allerdings keine Haar- oder Pinselalgen, die bereits zur Plage geworden sind. Sie arbeiten eher präventiv, indem sie alle aufkommenden Oberflächenalgen abweiden.

Garnelen sind omnivor und somit Allesfresser. Ihr Speiseplan im Aquarium kann Flockenfutter und jede Art von Frostfutter wie zum Beispiel Rote Mückenlarven oder Artemien enthalten. Zudem fressen *Neocaridina* auch Algenbeläge, Biofilme, Detritus, braunes Herbstlaub und Futterreste.

Beobachtet man die Tiere in der Natur, sieht man schnell, dass sie unermüdlich auf Futtersuche sind. Mit pinselartigen Fortsätzen an ihren beiden scherentragenden Beinpaaren streifen sie Aufwuchs, Mikroorganismen und anderes organisches Material von Wasserpflanzen, versunkenen Blättern und Steinen ab. Futtertabletten, Pellets und Granulatfutter für Garnelen und spezielles Planktonfutter diverser Anbieter eignen sich gut, um ihr natürliches Futter nachzuahmen.

Neocaridina davidi sind beeindruckend: Die widerstandsfähigen Wirbellosen entwickeln sich bei guten Haltungsbedingungen prächtig und können im Aquarium viel Freude bereiten. In ihren Ansprüchen an das Wasser sind sie recht tolerant. Temperaturen über 30 °C über längere Zeit sollten zwar vermieden werden, sie können jedoch bei 5 bis 28 °C und bei pH-Werten von 5,5 bis 8 gehalten werden. Eine Aquarienheizung ist daher für diese Art nicht notwendig.

Wie bei allen Wirbellosen ist Vorsicht vor Schwermetallen jeglicher Art im Wasser geboten. Bereits Spuren von Kupfer aus der Kupferverrohrung der Warmwasserbereitung können für Zwerggarnelen tödlich wirken. Wichtig ist zudem eine ausreichende Versorgung mit Sauerstoff. Sinkt der Sauerstoffgehalt zu sehr, kränkeln die Tiere und werden matt. Eine gute Belüftung oder Filterung gehören im Garnelenaquarium zu den Grundvoraussetzungen erfolgreicher Pflege. Außerdem mögen die Tiere gedämpftes Licht und viele Verstecke, in denen sie sich tagsüber aufhalten können.

Wie alle Krustentiere müssen sich Garnelen in regelmäßigen Abständen von ihrer alten, starren, zu klein gewordenen Haut befreien und einen neuen Panzer ausbilden, um zu wachsen. Bei der Häutung platzt die alte Hülle zwischen dem Kopf-Brustpanzer und dem Hinterleib auf, damit sich die Garnele durch heftige Bewegungen aus ihm befreien kann. Nach der Häutung ist der Körper der Garnele sehr weich und somit äußerst verwundbar. Sie sucht daher ein Versteck auf, um sich vor Fressfeinden zu schützen. Nach wenigen Stunden ist der neue Panzer ausgehärtet, und das Tier nimmt sein normales Leben wieder auf.

In Asien werden *Neocaridina*-Garnelen in großem Stil in Farmen in Betonteichen gezüchtet, die direktem Tageslicht ausgesetzt sind. Das wirkt sich auf die Färbung der Tiere aus, ebenso ein dunkler Bodengrund. Auch gutes Futter, das mit Carotinoiden wie beispielsweise Astaxanthin angereichert ist, kann die Farben intensivieren. In der Natur und im Aquarium hat die Färbung zudem mit der Präsenz von Fischen als potenziellen Fressfeinden zu tun: In einem fischfreien Aquarium konnte beobachtet werden, dass wildfarbene *Neocaridina*-Garnelen eher hell gefärbt waren; setzte man sie in ein Becken mit Fischen, wurden sie auf dunklem Untergrund fast schwarz – eine Tarnfärbung.

Von einer Vergesellschaftung mit anderen Garnelenarten, vor allem mit den etwas empfindlicheren *Caridina*-Arten, rate ich eher ab; die robusten, vermehrungsfreudigen *Neocaridina* können sie mit der Zeit verdrängen.

Die große Anpassungsfähigkeit der Art kann in der Natur zum Problem werden. *Neocaridina davidi* stammt ursprünglich aus dem ostchinesischen Raum, hat sich aber inzwischen auf weite Teile Chinas und überhaupt Südostasiens und sogar bis nach Hawaii ausgebreitet. Die Verschleppung der Art erfolgte durch Fischbesatz aus ihrem ursprünglichen Verbreitungsgebiet oder, wie auf Hawaii, durch entkommene Lebendfuttertiere, da diese Art weltweit als „Futtergarnele" angeboten wird.

In Korea konnten sich die Tiere sogar in Gewässern der gemäßigten Klimazone ansiedeln. Auch in europäischen Gewässern wurden schon Tiere gefunden: In Deutschland konnten sich mittlerweile wildlebende Populationen etablieren. Selbst im Gartenteich gehaltene *Neocaridina* konnten schon trotz einer Kälteperiode mit dicker Eisschicht überwintern.

Welchen Einfluss ein Einschleppen in weitere heimische Gewässer haben könnte, ist bisher nicht erforscht. Aquarienbesitzer, die Rückenstrichgarnelen in ihren Becken halten, seien jedenfalls dazu aufgerufen, alles zu tun, um die Ausbreitung dieser Art in unsere natürlichen Gewässer durch das Aussetzen der Tiere, aber auch durch unvorsichtiges Auskippen von Wechselwasser oder durch das Einbringen von Wasserpflanzen zu verhindern.

Größe: 2–3 cm. Temperatur: 5–28 °C, pH: 5,5–8

Yellow Sakura
Yellow Neon
Yellow Rili
Orange Sakura
Orange Sakura Painted
Orange Rili
Orange Rili
Orange Red Sakura
Red Sakura Painted
Red Sakura
Red Dark Sakura
Bloody Mary
Red Rili
Red Rili
Silverado
Kanoko Sakura
Deep Purple
Schoko Sakura
Schoko Golden Top
Sapphire
Blue Dream Blue Rili
Blue Dream
Black Carbon Blue Rili
Blue Yelly
Green Jade Painted
Green Jade
Green Rili
Carbon Rili
Black Carbon Blue Rili
Black Golden Top
Black Sakura Painted
Black Rose

Caridina logemanni

Crystal Red / Red-Bee-Garnele

Sie gilt als ungekrönte Königin der Süßwassergarnelen: Unter dem Namen „Crystal Red" wurde die rote Zuchtform der eigentlich dunkel schwarzbraun und weiß gestreiften Bienengarnele bekannt. Sie ist wahrscheinlich die beliebteste Süßwassergarnele weltweit.

Die Ausgangsform für die weiß-rot gemusterten Tiere war ein einzelnes rotes Exemplar, das der japanische Garnelenzüchter Hisayasu Suzuki im Jahre 1996 unter Tausenden von wildfarbenen Tieren in seiner Bienengarnelenzucht entdeckte. Seine konsequente Zuchtauslese brachte einen genetisch stabilen Stamm hervor. Mittlerweile haben sich weltweit Züchter dieser Garnele verschrieben und arbeiten intensiv an neuen Farbvarianten und Zuchtstämmen. Bisher gibt es keine festgelegten Standards für die Hochzuchten – anders als bei einigen Fischarten –, wobei sich dennoch einige Varianten etabliert haben. Diese Entwicklung geschah fast zeitgleich in Asien und Deutschland, und so sind auch heute noch zwei unterschiedliche Klassifizierungssysteme im Umlauf.

International haben sich neben den namentlichen japanischen Bezeichnungen wie „Hinomaru" oder „Mosura" die sogenannten S-Grades durchgesetzt. In Deutschland wurden parallel dazu von Frank und Carsten Logemann die K-Grades entwickelt. Die S-Grades halte ich persönlich für recht unübersichtlich, da sie keiner Logik folgen. Anders die K-Grades, sie sind logisch aufgebaut und bieten einen besseren Überblick. Neben bestimmten Zeichnungsmustern wird eine möglichst durchgehende Färbung der Beine angestrebt – entweder einfarbig oder als sogenannte „Spider Legs". Hier sind die Beine wie bei einer Spinne gestreift. Die Färbung der Beine findet in den Grades bisher keine Bezeichnung, ist aber durchaus ein Qualitätskriterium in der Bewertung der Ausfärbung einer Bienengarnele.

K0
K2
K4
K6
K6
K6
K8
K8
K10
K10
K12
K12
K13
K13
K13
K14
K15
SCR
SCR - triple line
SCR - double line
SCR - single line

Weil der Name „Crystal Red" in Japan von einem Züchter markenrechtlich geschützt wurde, verwendeten andere Züchter stattdessen die Bezeichnung „Red Bee". Heutzutage hat sich der Name „Red Bee" für die Hochzuchtvarianten etabliert. „Crystal Red" wird mittlerweile fast nur noch für die eher unregelmäßig gemusterte rote Farbfom der Wildform verwendet. Bei den schwarz-weißen Black Bees gibt es vergleichbare Farbmuster – allerdings keine einheitliche Linie. Hier wurden oft Tigergarnelen eingekreuzt. Die schwarz-weißen Bienen sind bei Weitem nicht so verbreitet wie die roten Varianten.

Vor einigen Jahren konnte ich die natürlichen Habitate in Hongkong besuchen. Die Tiere hielten sich vornehmlich in den flachen Uferbereichen des kleinen, langsam fließenden Baches auf. Die Wassertemperatur war mit nur 16 °C recht kühl. Die Karbonathärte war nicht nachweisbar, und die Leitfähigkeit betrug 12 µS, was sich in einem niedrigen pH-Wert von nur 5,8 niederschlug. Das Habitat zeigte damit alle Merkmale eines typischen Weichwasserbiotops. An den Ufern des stark beschatteten Baches wuchsen interessante Farne und Moose, im Wasser selber konnten wir auf dem steinigen bis sandigen Boden keine Wasserpflanzen finden, sondern nur wenige Moose. In den größeren Pools lag einiges an Falllaub. Dort fanden wir die meisten Tiere.

Falllaub spielt eine sehr wichtige Rolle in der Ernährung dieser Zwerggarnelen; es sollte in ihrem Aquarium immer zur Verfügung stehen. Die erfolgreichsten Züchter haben die Bedingungen im Zuchtaquarium den natürlichen Bedingungen soweit wie möglich angepasst. Gefüttert wird überwiegend pflanzlich, nur zwei- bis dreimal pro Woche sollte proteinhaltigeres Futter gegeben werden, um Häutungsproblemen vorzubeugen.

Größe: 2–3 cm. Temperatur: 14–25 °C, pH: 5,5–7,5

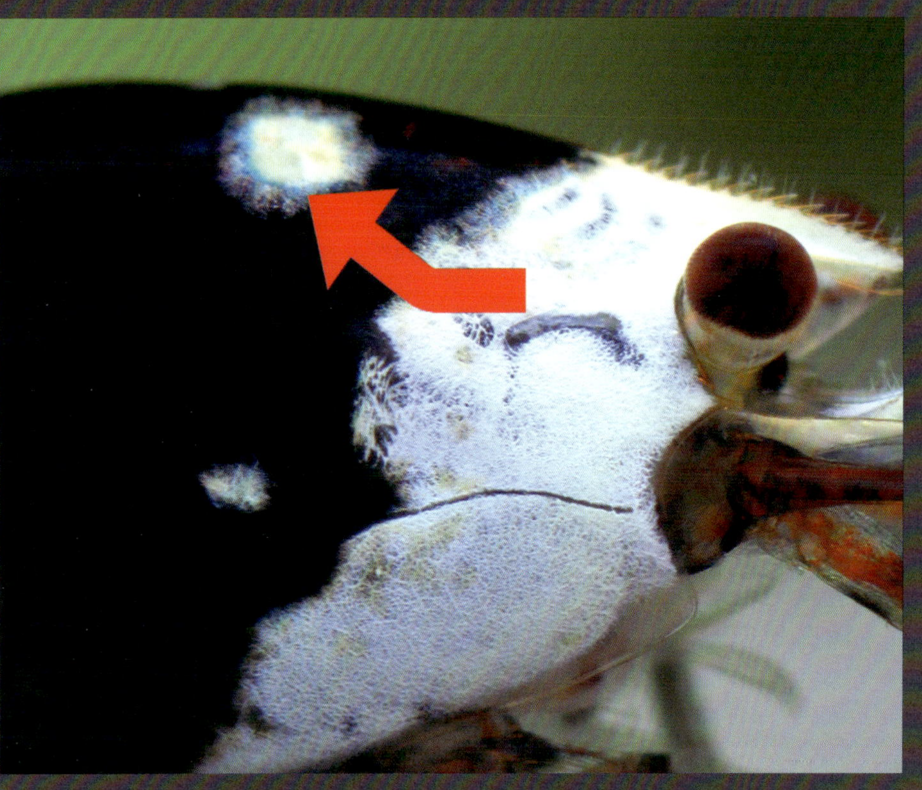

Anders als bei Red Bee und Crystal Red findet man bei der schwarzen und braunen Form der Bienengarnele kaum noch eine reine Linie, die sagenumwobene Pure Black Line. Die meisten Züchter, die ich vor allem in Asien besuchen konnte, haben zwar schöne schwarz-weiße Garnelen, die wie das Ergebnis einer konsequenten Linienzucht wirken. Schaut man aber genauer hin beziehungsweise macht eine Makroaufnahme, wird man feststellen, dass es sich bei diesen Garnelen oft um eine Kreuzung zwischen der Bienengarnele *Caridina logemanni* und der Tigergarnele *Caridina mariae* handeln muss. Verräterisch ist die blaue Farbe, die ziemlich sicher von der Tigergarnele stammt. Es handelt sich somit nicht mehr um reine Bienengarnelen, sondern um Shadow oder Taiwan Bees.

Shadow-Garnelen

Taiwangarnelen / Classic Shadows

Für Furore sorgten Mitte der 2000er-Jahre neue *Caridina*-Farbformen, die ihren Ursprung in Taiwan hatten: die sogenannten „Shadow Bees" oder Taiwangarnelen. Die Züchter nannten die Varianten „Panda Bee", „King Kong", „Blue Bolt" oder „Red Ruby", um nur einige zu nennen. Als die ersten Tiere in Japan und Europa eintrafen, lösten sie eine wahre Hysterie in den einschlägigen Foren und Züchterkreisen aus. Tiere wurden für 500 Euro und mehr gehandelt.

Die Entstehung der neuen Farbformen ist auf eine bewusste oder unbewusste Kreuzung zwischen der „Red-Bee" *Caridina logemanni* und der nah verwandten Tigergarnele *Caridina mariae* zurückzuführen. Die Variante trat erstmals in Taiwan bei einem Züchter der sehr variablen Red-Bee-Garnelen auf. Ähnliche Kreuzungen gab es auch in Deutschland, jedoch waren die Ergebnisse nicht ganz so schön. Bisher ist mir noch nicht gelungen, den ersten Ursprung der Shadowgarnelen herauszufinden. Bei einem Besuch in Taiwan gaben sich mindestens drei Züchter als diejenigen aus, die diese Garnelen als Erste züchteten.

Für die Zucht von King Kong und Co. sind Wasserwerte von 200 Microsiemens/cm und ein pH-Wert von 6,4 bis 6,9 essenziell. Die Temperatur sollte etwa 22 bis 24 °C betragen, wobei die Garnelen schon bei 17 bis 22 °C erfolgreich gehalten werden können – ähnlich den Wassertemperaturen in den natürlichen Habitaten der Ausgangsarten.

Bei erfolgreichen Taiwanerzüchtern sind die Aquarien praktisch immer spärlich bepflanzt und meist nur mit Moos oder einigen *Bucephalandra* begrünt. Bei meinen Reisen konnte ich in allen Becken kleinere Stücke Moorkienwurzeln entdecken, auf denen die Garnelen den Algenrasen abweideten.

Mittlerweile gibt es so viele neue Züchtungen, dass es etwas unübersichtlich geworden ist. Viele Züchter versuchen, alle möglichen Arten zu kreuzen, um möglichst spektakuläre mehrfarbige *Caridina* sp. zu erhalten. Ich nenne sie hier Freestyle-Garnelen, weil ihre Ursprünge kaum mehr nachzuverfolgen sind. Bei den neuen Hybriden gibt es keine Standards oder Grades mehr. Eine Auswahl der schönsten Exemplare habe ich auf den nächsten Seiten zusammengestellt. Viele Freestyle-Garnelen sind Einzelstücke; bei den abgebildeten Tieren gibt es nur wenige echte Linien. Vielversprechend sind die Galaxy- und Boa-Garnelen, die Devil-Farbschläge mit den orangefarbenen Augen und die Dragonbloods. Auch die Metallic-Line, die in Deutschland gezogen wurde, hat enormes Potenzial.

Größe: 2–3 cm. Temperatur: 14–25 °C, pH: 5,5–7,5

CLASSIC SHADOWS

Taiwangarnelen

CLASSIC SHADOWS

Taiwangarnelen

FREESTYLE / NEW TYPE

Garnelen des Wildtyps

Natürlich kann man in einem Nano-Aquarium ab 20 Litern auch wilde Garnelen pflegen. Neben den Hochzuchten und den Hybriden kommt eine große Anzahl wilder Garnelen in den Handel, die aus Bächen in China, Indien, Vietnam oder Taiwan stammen. Jede einzelne Art hier aufzulisten, würde den Rahmen dieses Buches sprengen; ich fasse daher zusammen, da die meisten von ihnen ähnliche Wasserwerte brauchen und somit auch ähnliche Pflegeansprüche haben.

Die meisten Arten leben in kleinen kühlen Gebirgsbächen in gemäßigten oder subtropischen Weichwasserbiotopen. Die Wassertemperatur schwankt im Jahresverlauf zwischen etwa 13 °C im Januar und 28 °C im August.

Die Leitfähigkeit betrug bei unseren Messungen in den Biotopen zwischen 33 und 45 µS, der pH-Wert zwischen 6,0 und 6,3, bei meist nicht nachweisbarer Karbonathärte. Der Sauerstoffgehalt des Wassers betrug in der Regel 8,4 mg/l bei 16,6 °C beziehungsweise 8,1 mg/l bei 19,8 °C, was einer Sättigung von 87 beziehungsweise 89 % entspricht.

Auf das Aquarium übertragen bedeutet das, dass alle diese Garnelenarten in weichem Wasser bei eher kühlen Temperaturen gehalten werden sollten. Eine Aquarienheizung ist in normalen Wohnräumen auch in der kühlen Jahreszeit nicht notwendig, an heißen Sommertagen kann dagegen eine Kühlung des Beckens mithilfe eines Lüfters oder einer professionellen Kühlung nach dem Peltier-Prinzip die Tiere vor hitzebedingtem Stress bewahren.

Höhere Wasserpflanzen gibt es in diesen Gewässern nicht. Vor allem dort, wo einmündende Quellen etwas nährstoffreicheres Wasser eintragen, ist der Fels an einigen geschützten Stellen mit aquatischen Moosen oder mit einer feinen Algenschicht bedeckt.

WASSERWERTE AUS DIVERSEN HABITATEN IN SÜDCHINA
WATER PARAMETERS FROM DIFFERENT HABITATS IN SOUTH CHINA

Arten/Species	msl	T °C	KH	GH	pH	LW	O2
Bienengarnele	n.d.	13-28 °C	n.n.	n.n.	6,0-6,3	33-45 µS	8,1-8,4 mg/l
Caridina serrata Hong Kong Island	n.d.	18 °C	n.d.	n.d.	6,6	82 µS	n.d.
Caridina serrata	484 m	n.d.	n.d.	n.d.	n.d.	n.d.	n.d.
Tigergarnele Lixi *Caridina mariae*	n.d.	19 °C	n.n.	n.n.	6,2	20 µS	n.d.
Supertiger *Caridina mariae*	n.d.	n.d.	n.d.	n.d.	7	40 µS	n.d.
Caridina trifasciata Henquin Island		22 °C	n.n.	n.d.	6,0	32 µS	n.d.
Caridina trifasciata Hong Kong	n.d.	n.d.	n.d.	n.d.	n.d.	n.d.	n.d.
Caridina venusta	n.d.	n.d.	n.d.	n.d.	n.d.	n.d.	n.d.
Caridina tumida	n.d.	17,6 °C	n.n.	n.n.	6,3	25-29 µS	n.d.
Caridina maculata	n.d.	19 °C	n.d.	n.d.	n.d.	29 µS	n.d.
Caridina breviata	60 m	17 °C	n.d.	n.d.	7,3	130 µS	7,3 mg/l
Caridina elongapoda	0 m	19-20 °C	1,5		6-6-6,8	72-1100 µS	9,6 mg/l
Paracaridina meridionalis	n.d.	16 °C	n.n.	n.d.	5,4-5,9	7 µS	n.d.
Neocaridina palmata	1000 m	17 °C	n.n.	n.n.	6,4	13 µS	9,3 mg/l

CARIDINA HAIVANENSIS
CARIDINA SP. "CHINA PRINCESS BEE"
CARIDINA TUMIDA
CARIDINA BREVICARPALIS
CARIDINA CF. BABAULTI "RED"
CARIDINA CF. BABAULTI "ORANGE"
CARIDINA CF. BABAULTI "GREEN"
CARIDINA SP. "TAIWAN"
CARIDINA CF. BABAULTI "BLACK"
PARACARIDINA SP. "BLUE BEE"
PARACARIDINA SP. "BLUE BEE"
PARACARIDINA SP. "BLUE BEE"
CARIDINA SP.
CARIDINA SP. "VIETNAM 3"
DUGASTELLA VALENTINA
NEOCARIDINA PALMATA
CARIDINA VENUSTA
CARIDINA VENUSTA
CARIDINA VENUSTA
CARIDINA LANCEIFRONS
CARIDINA CANTONENISIS "AURA BLUE"
CARIDINA MACULATA
CARIDINA RUBROPUNCTATA
CARIDINA SP. "CHINA"
CARIDINA SP. "RACOON "
CARIDINA FERNANDOI
CARIDINA SP.
CARIDINA SP. "RED SPOT"
CARIDINA SP.
CARIDINA WEBERI
CARIDINA WEBERI
CARIDINA SP" .VIETNAM BLUE"

CARIDINA SUMATRENSIS

CARIDINA GRACILIROSTRIS

CARIDINA SP" .VIETNAM BLUE"

CARIDINA SP. "VIETNAM"

PARACARIDINA ZIJINICA

PARACARIDINA ZIJINICA

PARACARIDINA ZIJINICA

PARACARIDINA ZIJINICA

PARACARIDINA ZIJINICA

PARACARIDINA ZIJINICA

PARACARIDINA ZIJINICA

PARACARIDINA ZIJINICA

CARIDINA LOGEMANNI

CARIDINA SERRATA

CARIDINA SERRATA

CARIDINA SERRATA

CARIDINA TRIFASCIATA

CARIDINA TRIFASCIATA

CARIDINA TRIFASCIATA

CARIDINA TRIFASCIATA

PARACARIDINA SP.

CARIDINA BREVIATA

ATYAEPHYRA DESMARESTI

CARIDINA SIMONI

CARIDINA SERRATIROSTRIS

CARIDINA SERRATIROSTRIS

CARIDINA SERRATIROSTRIS

CARIDINA SERRATIROSTRIS

CARIDINA SP.

CARIDINA MULTIDENTATA

CARIDINA THAMBIPILLAI

CARIDINA HODGARTI

CARIDINA GRACILIPES
CARIDINA SP. "BLUE POINT"
CARIDINA VILLADOLIDI
CARIDINA WILLIAMSI
CARIDINA MARIAE
CARIDINA MARIAE
CARIDINA MARIAE
CARIDINA MARIAE
CARIDINA SERRATA "AÚRA BLUE"
CARIDINA CANTONENSIS
CARIDINA GAESUMI
CARIDINA GAESUMI
CARIDINA SP. "STRIPES"
CARIDINA SP. "STRIPES"
CARIDINA SP. "STRIPES"
CARIDINA CONGHUENSIS
CARIDINA SP. "MALAYA"
CARIDINA SP. "MALAYA"
CARIDINA SP. "MALAYA"
CARIDINA SP. "MALAYA"
CARIDINA SP. "GALAXY TIGER"
CARIDINA SP. "GALAXY TIGER"
CARIDINA SP. "GALAXY TIGER"
CARIDINA PSEUDODENTICULATA
CARIDINA APPENDICULATA
NEOCARIDINA DAVIDI
NEOCARIDINA KETEGALAN
NEOCARIDINA SP "TAIWAN"
CARIDINA TYPUS
CARIDINA TYPUS
CARIDINA PRASHADI
CARIDINA SP. "TAIWAN"

Caridina multidentata

Amanogarnele

Eine der am häufigsten gepflegten Garnelen in unseren Aquarien ist wohl die Amanogarnele, die im südlichen Teil Zentraljapans vorkommt und dort meist in Flüssen gefunden wird, die in den Pazifischen Ozean entwässern. Weltbekannt wurden diese Garnelen durch den Japaner Takashi Amano, der mit seinen unübertrefflichen Naturaquarien die Aquarianer zum Träumen brachte.

Auf der Suche nach einer natürlichen Algenprophylaxe experimentierte Amano parallel zum Einsatz von Ohrgitterharnischwelsen auch mit verschiedenen in Japan heimischen Süßwassergarnelenarten. Am wirkungsvollsten gegen die Algen erwies sich die vergleichsweise große *Caridina multidentata*, die in Japan „Yamato-numa-ebi" genannt wird, zu Deutsch „Japanische Sumpfgarnele".

Über ihre Fähigkeiten, das Aquarium von Algen zu befreien, wurde schon oft berichtet – doch nach wie vor ist die erfolgreiche Nachzucht der Amanogarnele im Aquarium schwierig. Befruchtete Eier und viele vitale Larven zu erhalten scheint mit der Gruppenstärke und Fütterung im Elternbecken zusammenzuhängen. Die Amanogarnele hat marine Larvenstadien, die im Süßwasser nicht groß werden.

Die Aufzucht der Larven erfordert sauberes, sauerstoffhaltiges, aber dennoch „futterreiches" Wasser, dessen Salzgehalt irgendwo zwischen Brackwasser und Meerwasser eingepegelt werden muss.

Die Tiere haben eine Lebenserwartung von etwa elf Jahren, sodass man lange Freude an ihnen haben kann. Amanogarnelen sollten nicht unter 60 Zentimeter Kantenlänge gehalten werden. Mittlerweile sind mit der Snow-Amanogarnele die ersten weißen Farbzuchten erhältlich.

Größe: 3–4,5 cm. Temperatur: 18–28 °C, pH: 7,0–8,3

Zuchtbericht von Uta Wimmer

Bei einem Meersalzgehalt von ca. 30g/l ist mir die Garnelenaufzucht endlich gelungen. Eine Gruppe von 50 bis 80 Larven wurde einen Tag nach dem Erscheinen im Elternbecken aus dem Süßwasseraquarium mit einem Schlauch in einen leeren Eimer hinein abgesaugt.

Dann gab ich ungefähr die gleiche Menge Meerwasser aus dem vorbereiteten „eingefahrenen" Meerwasserbecken per Schöpflöffel über einen Zeitraum von einer Stunde zu. Die Larven hatten somit die Gelegenheit, sich auf die neuen Bedingungen einzustellen. Anschließend überführte ich den gesamten Eimerinhalt per Schlauch in das Meerwasserbecken.

Die Fütterung der Larven erfolgte nun mehrmals täglich mit einigen Tropfen Liquizell (HOBBY, Dohse Aquaristik). Nach vier Wochen waren deutlich kleine Garnelen erkennbar, welche sich aber noch immer mit dem Kopf nach unten „hängend" frei treibend im Becken fortbewegten.

Nach Ablauf der sechsten Woche saßen die ersten Garnelen ausdauernd auf dem Beckengrund, den sie nach Futter absuchten. Acht Wochen nach ihrer „Geburt" bewohnten fertige Garnelen, 0,5 bis 0,8 Zentimeter groß, das Meerwasserbecken. Gefüttert wurden sie jetzt mit Mikrozell (HOBBY, Dohse Aquaristik) und einigen kleinen Bröckchen Grünfutterpellets.

Während der vergangenen Wochen wurden mehrere Wechsel von je 20% des Beckeninhaltes durchgeführt. Wird hierbei das Wasser über ein feines Artemiensieb abgesaugt, besteht keine Gefahr, die Larven zu verlieren. Aufgefüllt wurde mit abgestandenem Meerwasser.

Im Alter von 12 Wochen hatten die meisten Garnelen eine Größe von 1,5 bis 2 Zentimetern erreicht, und im kleinen Becken wurde es ihnen sichtbar zu eng. Dies war der Zeitpunkt, die Salzkonzentration im Aufzuchtbecken herunterzufahren. Vier Mal, im Abstand von je fünf Tagen, führte ich nun die Wasserwechsel mit purem Leitungswasser (GH~ 21°d) durch.

Mit knapp 16 Wochen konnten die Garnelen problemlos mit einem kleinen Kescher gefangen werden. Zur optimalen Übersiedelung ins reine Süßwasseraquarium empfiehlt es sich, die Jungtiere in kleinen Gruppen in zu einem Drittel mit Aufzuchtbeckenwasser gefüllten Plastikbeuteln zu versammeln. Diese können dann ins Süßwasseraquarium eingehängt und dort portionsweise mit Aquariumwasser aufgefüllt werden.

Jetzt kann man die jungen Garnelen bedenkenlos, stressfrei, durch selbstständiges Ausschwimmen in die neue Umgebung ins Süßwasser entlassen.

Meine selbstgezüchteten jungen *Caridina multidentata* entwickelten sich prächtig. Im Alter von fünf Monaten trugen die ersten Jungweibchen das erste Mal deutlich sichtbare Eier.

Cambarellus patzcuarensis

CPO

Einen wahren Traumstart in die Aquaristik legte dieser Zwergkrebs hin, der vor ca. 20 Jahren von Brian Kabbes nach Europa eingeführt wurde. Von einer Fischsammelreise brachte er damals einige wildfarbene Zwergkrebse aus Mexiko mit und ermöglichte uns damit, diese sehr schöne und interessante Form im Aquarium zu pflegen. Die orange Farbform verdanken wir dem Züchter Juan Carlos Merino.

Unter Aquariumbedingungen können die Weibchen eine Körperlänge bis fünf Zentimeter erreichen, die Männchen bleiben etwas kleiner. Für eine sichere Geschlechtsbestimmung schaut man die Geschlechtsanhängsel unter dem Kopf-Brustpanzer der Krebse an. Die Begattungsgriffel der Männchen bilden ein nach vorne weisendes V, das bei den Weibchen fehlt.

Dieser *Cambarellus* aus dem Hochland von Mexiko ist im Normalfall eher hell- oder dunkelbraun gefärbt. Viele der Tiere haben dunklere Streifen auf der Oberseite, andere dagegen zeigen kleine hellere und auch dunklere Flecken, die ein Marmormuster bilden. Auch die orangefarbene Form weist diese unterschiedlichen Zeichnungen auf, die bei beiden Geschlechtern auftreten können.

Der Lago de Pátzcuaro ist von bewaldeten Hügeln und Vulkanlandschaften umgeben. Die dort lebenden Krebse sind häufig in der Uferregion im dichten Wasserpflanzenbestand zu finden. Beschrieben ist die Art zwar nur aus dem See selbst, doch ist davon auszugehen, dass auch in den umliegenden Gewässern *Cambarellus patzcuarensis* leben.

Die Wassertemperatur im Pátzcuaro-See schwankt zwischen 15 und 25 °C, wobei in den flachen Uferregionen unter Sonneneinstrahlung auch durchaus höhere Temperaturen gemessen werden. Im Artaquarium ist eine Heizung nicht unbedingt nötig.

Die tagaktiven Krebse kann man öfter bei der Paarung beobachten. Der Vermehrung kann man ein wenig nachhelfen, indem man Männchen und Weibchen einige Tage getrennt hältert und dann in einem Eimer oder einer Schale zusammensetzt. Häufig kommt es dann zu einer spontanen Begattung. Das Männchen erfasst dabei das Weibchen mit den Scheren und versucht, es auf den Rücken oder die Seite zu drehen. Um es festzuhalten, wird das Weibchen mit den Schreitbeinen umklammert und mit den Ischiumhaken an der Basis des letzten männlichen Beinpaars fixiert. Die Partner liegen Bauch an Bauch.

Die Weibchen können je nach Größe zwischen 25 und 50 Eier oder Jungtiere unter dem Hinterleib austragen. Sehr oft ist zu beobachten, dass die Tiere unbefruchtete Eier tragen. Diese kann man an der gelblich-orangen Färbung leicht von den befruchteten Eiern unterscheiden, die dunkelbraun bis beinahe schwarz gefärbt sind. Meist entfernen die Weibchen unbefruchtete Eier und verhindern so, dass das ganze Gelege verpilzt.

Die Begattung dauert ungefähr 15 Minuten, danach trennen sich die Tiere blitzartig mit einigen Schwanzschlägen. Einige Stunden nach der Paarung klappt das Weibchen seinen Hinterleib nach vorne unter den Cephalothorax und bildet so eine Brutkammer, die mit zähem Schleim gegen die Umwelt abgedichtet wird. In dieses Schleimzelt werden die Eier ausgestoßen. Später hängen die Eier frei unter dem Hinterleib des Weibchens, den es nur bei Gefahr nach vorne schlägt, um sie zu schützen. Sie werden vom Weibchen geputzt und bewegt, um einer Verpilzung vorzubeugen.

Das tragende Weibchen ist stressempfindlich und frisst wenig oder gar nichts. Fühlt es sich gestört, kann es passieren, dass es alle Eier auffrisst oder die Pflege vernachlässigt und so den Nachwuchs verliert.

Nach etwa drei Wochen verlassen die fertig entwickelten Jungkrebse das Weibchen; zur Aufzucht setzt man sie am besten in ein geräumiges Aufzuchtbecken ohne adulte Krebse. Sie dezimieren sich allerdings auch gegenseitig. Eine ausgewogene, proteinreiche Fütterung ist wichtig, ebenso wie viele Verstecke. Als geeignete Höhlen haben sich bei mir Lochziegelsteine aus dem Baumarkt bewährt. Bleiben die Jungkrebse im Aquarium mit den Elterntieren, ist die Gefahr groß, dass praktisch alle gefressen werden.

Die Liste der Fische, mit denen man CPOs vergesellschaften kann, ist sehr lang. Problemlos sind Salmler und kleinere Lebendgebärende sowie Panzerwelse und Saugwelse.

Vermeiden würde ich eine Vergesellschaftung mit Garnelen. In einem dicht besetzten Becken versuchen die Krebse gern, sich mit den Garnelen zu verpaaren, und bei diesem Versuch kommen die Garnelen oft zu Schaden. Sie können Gliedmaßen verlieren oder gleich ganz gefressen werden.

Bei einer Schneckenplage können die kleinen Kruster wahre Wunder bewirken und das Aquarium in Kürze von den Schnecken befreien.

Die Pflanzen im Becken werden von den Krebsen nicht gefressen, weshalb man nicht auf ein schön bepflanztes Aquarium verzichten muss, wenn man CPOs halten will.

Auf der Speisekarte stehen alle im Handel angebotenen Futtersorten. Auch Rohkost in Form von Grünfutter und Gemüse nehmen die Tiere gerne. Trockenes braunes Laub, das man in geeigneten Gebieten gut selbst sammeln kann, sollte ein fester Bestandteil der Nahrung sein. Wird es vorgewässert, geht es gleich unter. Einige Blätter reichen vollkommen. Blätter von stark aromatischen oder giftigen Sträuchern sollte man in jedem Fall vermeiden.

Manchmal kann man die Tiere dabei beobachten, wie sie an Moorkienwurzeln oder sonstigem modernden Holz knabbern. Damit decken sie ihren Bedarf an rohfaserreicher Nahrung.

Größe: 4–5 cm. Temperatur: 20–26 °C, pH: 7–9

Cambarellus diminutus

Kleinster Zwergflusskrebs

Der einheitlich braun und nur unter bestimmten Bedingungen manchmal bläulich gefärbte Zwergkrebs besiedelt kleinere stehende Gewässer, langsam fließende Bereiche von Bächen oder Flüssen und Entwässerungsgräben entlang der Straßen in Alabama und Mississippi / USA, wo er sich meist unter Detritus oder in dichten Pflanzenbeständen aufhält. Er ist an Temperaturen von über 30 °C angepasst. Sinkt der Wasserspiegel, gräbt er Gänge, um der Trockenheit zu entkommen.

Für einen Krebs ist die Art relativ friedlich, weshalb man sie mit friedlichen Fischen und Garnelen vergesellschaften kann, sofern die Ansprüche an die Wasserwerte übereinstimmen und der Besatz mit Garnelen nicht zu hoch ist. Schnecken können geknackt und gefressen werden. Eine Vergesellschaftung mit Krabben funktioniert in der Regel nicht: Sie vertragen sich nicht, und es kommt zu Kämpfen.

Weil sie potenzielle Überträger der Krebspest sind, sollten weder die Krebse selbst noch das Wasser, in dem sie gehalten werden, Kontakt mit natürlichen Gewässern haben.

Alle im Handel angebotenen Fischfutterarten können zur Fütterung verwendet werden, noch besser ist ein spezielles Futter für *Cambarellus*. Laub und Detritus werden gefressen, bilden aber nicht den Hauptteil der aufgenommenen Nahrung.

Die Zucht der kleinen Krebse ist relativ einfach. Nach der Paarung setzen die Weibchen je nach Körpergröße 40 bis 100 Eier an, aus denen nach vier bis sechs Wochen Jungkrebse schlüpfen.

Sie bleiben noch einen bis zwei Tage unter dem Hinterleib der Mutter, bevor sie sich zum ersten Mal häuten und sie dann endgültig verlassen und selbstständig zu leben beginnen. Da auch diese kleinen Krebse untereinander kannibalisch sein können, sollten im Aufzuchtbecken Versteckmöglichkeiten in Form von Höhlen, Laub, Lochziegeln und Keramikröllchen vorhanden sein.

Größe: 2–3 cm. Temperatur: 5–30 °C, pH: 6–7,5

Cambarellus puer

Knabenkrebs

Der Knabenkrebs kommt aus den USA, mit Vorkommen im südlichen Missouri und Illinois südwärts entlang des Mississippi River bis nach Louisiana, West-Texas und Südost-Oklahoma. Die Krebse halten sich gern in dicht bewachsenen, schlammigen Uferzonen auf, die ihnen Schutz vor Räubern bieten.

Für einen Krebs ist die Art relativ wenig aggressiv, was eine Vergesellschaftung mit friedlichen Fischen und Garnelen ermöglicht. Schnecken werden geknackt und gefressen. Eine Vergesellschaftung mit Krabben wird nicht empfohlen. Als potenzielle Krebspestüberträger sollten weder die Krebse selbst noch das Wasser, in dem sie gehalten werden, ins Freiland gelangen.

Alle handelsüblichen Fischfutterarten können verwendet werden. Ideal ist ein spezielles Futter für *Cambarellus*. Laub und Detritus werden gefressen, bilden aber nicht den Hauptteil der Nahrung.

Die Durchschnittsgröße erwachsener Knabenkrebse beträgt ca. 2 bis 3 Zentimeter, wobei die Weibchen in der Regel etwas größer werden als die Männchen.

Die Zucht ist relativ einfach. Nach der Paarung setzen die Weibchen je nach Körpergröße 40 bis 100 Eier an, aus denen nach vier bis sechs Wochen fertig entwickelte Jungkrebse schlüpfen. Sie bleiben noch einen bis zwei Tage unter dem Hinterleib der Mutter, bevor sie sie endgültig verlassen und selbstständig zu leben beginnen. Die kleinen Krebse sind untereinander kannibalisch und brauchen im Aufzuchtbecken Verstecke in Form von Höhlen, Laub, Lochziegeln und Keramikröllchen.

Größe: 2–3 cm. Temperatur: 5–30 °C, pH: 6–7,5

Cambarellus shufeldtii

Shufeldts Zwergkrebs

Cambarellus shufeldtii ist ein kleiner rötlich braun bis grau gefärbter Krebs. Es gibt zwei Varianten, die in beiden Geschlechtern vorkommen: die gestreifte und die gepunktete oder marmorierte Form. Shufeldts Zwergkrebs hat sein Vorkommen an der US-Golfküste vom südlichen zentralen Texas bis hin zum südwestlichen Alabama und nordwärts entlang dem Mississippi River bis hin nach Lincoln County, Missouri. Der tagaktive Zwergkrebs lebt in verschiedensten Gewässern und sitzt sehr gerne in Wasserpflanzen.

Die Tiere bauen keine Gänge und graben auch im Aquarium den Bodengrund nicht um. Im natürlichen Lebensraum buddeln sie nur bei sinkendem Wasserspiegel oder drohender Austrocknung kleine Hohlräume in den Schlamm, die völlig abgeschlossen sind und keinen Ausgang zur Oberfläche aufweisen. In diesen kleinen Höhlen überdauern sie die Dürre und verlassen sie erst wieder, wenn der Wasserstand steigt.

Die Lebenserwartung eines Weibchens in der Natur beträgt ungefähr ein Jahr. In dieser Zeit kann es sich zweimal vermehren. Die Männchen werden mit 15 bis 18 Monaten etwas älter als die Weibchen, allerdings sind sie auch erst später geschlechtsreif. Im Aquarium können die Tiere ein etwas höheres Lebensalter erreichen. Durchschnittlich trägt ein weiblicher *C. shufeldtii* 30 bis 40 Eier unter seinem Pleon. Die Entwicklung zum Jungkrebs dauert etwa drei Wochen. Währenddessen werden die Eier sorgfältig gepflegt. Weil die Larven und Jungkrebse sehr klein sind, sollte die Art für eine gezielte Zucht nicht mit Fischen gehalten werden.

Alle im Handel angebotenen Fischfutterarten können zur Fütterung verwendet werden. Noch besser ist ein spezielles Futter für *Cambarellus*. Auch Schnecken stehen auf dem Speiseplan: Innerhalb kürzester Zeit können die Zwergkrebse eine Schneckenplage im Aquarium eindämmen. Besonders Blasenschnecken, die so manchen Aquarianer zur Verzweiflung bringen, werden von den Krebsen gerne gefressen. Auch Laub und Detritus nehmen sie, sie bilden aber nicht der Hauptteil der aufgenommenen Nahrung.

Die kleine Größe und das geringe Aggressionsverhalten der Art macht sie zu optimalen Aquarientieren, welche Pflanzen und Fischen keinen Schaden zufügen. Shufeldts Zwergkrebse können in fast jedem „Wohnzimmeraquarium" ohne Probleme gehalten werden.

Größe: 2–3 cm. Temperatur: 5–30 °C, pH: 6–7,5

Limnopilos naiyanetri

Mikrokrabbe

Die aus Thailand stammende Mikrokrabbe *Limnopilos naiyanetri* ist mit einem erstaunlich winzigen Carapaxdurchmesser von zehn Millimetern bereits ausgewachsen und eignet sich daher auch für Nano-Aquarien ab zehn Liter Volumen. Die Mikrokrabbe ist eine rein aquatile, also im Wasser lebende Krabbe, sie braucht keinen Landteil und keine Aufsitzmöglichkeit über Wasser. Sie lebt und vermehrt sich in ihrer Heimat im Süßwasser. Der Winzling fühlt sich in größeren Gruppen von Artgenossen am wohlsten, eine Einzelhaltung ist nicht empfehlenswert.

Die sehr runde Carapaxform ist charakteristisch. Die Tiere sind beige bis hellbraun. Die Männchen haben eine v-förmige, die Weibchen eine u-förmige Bauchklappe. Ihre langen Beine kann die Mikrokrabbe zur Hälfte einklappen. Mit ihren behaarten Scheren streifen die Tiere Futterpartikel von den Wurzeln der Wasserpflanzen und fressen Detritus. Staubfutter ist perfekt für sie geeignet, auch *Artemia*-Nauplien werden gerne genommen.

Im natürlichen Habitat leben die winzigen Mikrokrabben im Schwimmpflanzengestrüpp und in den Wurzeln von Wasserhyazinthen. Auch im Aquarium halten sich die Tiere sehr gern in den Wurzeln von Schwimmpflanzen auf.

Die Vergesellschaftung von Mikrokrabben mit Zwerggarnelen, Minifischen, friedlichen Schnecken und auch mit Muscheln stellt kein Problem dar. Die Vergesellschaftung mit Zwergkrebsen oder Großkrebsen ist nicht empfehlenswert, da die äußerst neugierigen Krebse die kleinen Krabben als Lebendfutter ansehen würden. Auch mit anderen Krabben sollte man sie nicht zusammen halten.

Zucht und Vermehrung sollte theoretisch im Süßwasser möglich sein, Berichte über eine erfolgreiche Nachzucht im Aquarium liegen jedoch leider bisher nicht vor.

Größe: bis 1 cm. Temperatur: 22–30 °C, pH: 7–7,5

Clithon flavovirens

Spiralgeweihschnecke

Südostasiatische Geweihschnecken der Gattung *Clithon* kommen in der Natur in kleineren Fließgewässern mit eher starker Strömung vor. Sie leben dort im Süßwasser. Geweihschnecken bevorzugen eher hartes Wasser mit einem pH-Wert über 6,5, die Karbonathärte sollte über 3 °dKH betragen.

Geweihschnecken erreichen einen Gehäusedurchmesser von bis zu zwei Zentimetern. Sie sind getrenntgeschlechtlich, jedoch lassen sich Männchen und Weibchen nicht anhand äußerer Merkmale unterscheiden.

Die Weibchen der Geweihschnecke heften ihre weißlichen ovalen Eikokons auf Hartsubstrat an. Die daraus schlüpfenden Veligerlarven brauchen Meerwasser zur Entwicklung. In der Natur spült sie die Strömung ins Meer, wo sie heranwachsen. Die Jungschnecken wandern wieder in die Bäche zurück. Im Aquarium vermehren sie sich nicht.

Clithon ernähren sich von Algenbelägen und Biofilmen, sie fressen sogar harte grüne Punktalgen vom Aquarienglas. Gesunde Pflanzen verschonen sie. Sie akzeptieren Kunstfutter nur schlecht, aber sie nehmen oft Hokkaidokürbis oder braunes Herbstlaub an, von dem sie bevorzugt die Biofilme abweiden.

Geweihschnecken sollten nicht in ganz saubere Aquarien eingesetzt werden, weil sie vor allem zu Anfang Aufwuchs brauchen, um sich vom Import zu erholen. Im Handel gibt es spezielles Schneckenfutter, das für ihre Bedürfnisse entwickelt wurde.

Clithon sind aufgrund ihrer Gehäuseform erstklassig vor neugierigen Aquarienbewohnern geschützt und können mit den meisten Aquarientieren gehalten werden, die nicht explizit Schnecken fressen.

Größe: bis 2 cm. Temperatur: 22–28 °C, pH: 6,5–8

Clithon diadema

Zweifarbige Geweihschnecke

Ihr Gehäuse ist schwarz-gelb bis schwarz-braun gefärbt. Ein charakteristisches Erkennungsmerkmal ist das „Geweih" aus unregelmäßig angeordneten Gehäusefortsätzen, weswegen sie auch als Hörnchenschnecke bezeichnet wird. *Clithon diadema* lebt in der Natur in den Mündungen kleiner Bäche im indopazifischen Raum in Süßwasser. Ihre Larven brauchen Meerwasser zur Entwicklung, eine Vermehrung im Aquarium ist daher ausgeschlossen.

Mit gerade einmal zwei Zentimeter Endgröße bleibt sie recht klein und ist daher auch fürs Nano-Aquarium geeignet. Als Aufwuchsfresser hält sie die Scheiben, die Pflanzen und Aquariendekoration blitzblank. Gesunde Pflanzen und Fadenalgen, Pinselalgen und andere höhere Algen frisst sie nicht.

Braunes Herbstlaub und die darauf gebildeten Biofilme weidet sie gerne ab. Auch Hokkaidokürbis mögen Geweihschnecken meist gern. Sie eignen sich am besten für gut eingefahrene Becken, in denen sich genug Aufwuchs gebildet hat. Die Naturentnahmen akzeptieren anfangs kein anderes Futter und können in ganz frisch eingerichteten Aquarien verhungern. Im Handel gibt es spezielles Schneckenfutter, das für ihre Bedürfnisse entwickelt wurde.

Die Zweifarbige Geweihschnecke lässt sich gut mit anderen Schnecken, Zwerg- und Fächergarnelen, aber auch Amanogarnelen vergesellschaften. Aufgrund ihrer halbrunden Gehäuseform kann sie sogar mit neugierigen Fischen wie kleinen Lebendgebärenden oder Bärblingen gehalten werden.

Größe: bis 2 cm. Temperatur: 22–28 °C, pH: 6,5–8

Planorbella duryi duryi

Kleine Posthornschnecke

Die Urform der Kleinen Posthornschnecke ist braun, es gibt sie aber auch in zartem Pink, Blau oder Rotorange. *Planorbella duryi* stammt aus dem Süden der USA. Sie erreicht einen Gehäusedurchmesser von bis zu 2,5 Zentimetern.

Als Zwitter ist sie zur Selbstbefruchtung fähig, die geschlechtliche Vermehrung wird jedoch bevorzugt. Ihre Eigenschaft als guter Futterverwerter macht sie zur Gesundheitspolizei im Aquarium.

Oft wird vor der starken Vermehrungsfreude von PHS im Aquarium gewarnt. Da die Vermehrungsrate unmittelbar ans Futterangebot gekoppelt ist, lässt sie sich jedoch gut steuern. Grundsätzlich frisst sie gerne Gemüse, Grünfutter, Fischfutter und spezielles Schneckenfutter. Wie die meisten Wasserschnecken ist sie kein reiner Pflanzenfresser und nimmt gerne etwas Frostfutter oder anderes proteinhaltiges Futter an. Bei gutem Eiweißangebot entwickeln sich die Gehäuse besonders schön. Lebende Tiere und gesunde Pflanzen frisst sie nicht.

An die Wasserwerte hat die Posthornschnecke keine besonderen Ansprüche, in härterem Wasser lebt sie jedoch länger als in Weichwasser.

Größe: 2,5 cm. Temperatur: 4–30 °C, pH: 6,5–8

Clithon sowerbianum

Fancy-Geweihschnecke

Die aus Indonesien stammende Fancy-Geweihschnecke wird wissenschaftlich als *Clithon sowerbianum* bezeichnet.

In der Natur leben die adulten Schnecken im Süßwasser, während sich die Larven im Meer entwickeln. Eine unkontrollierte Vermehrung der getrenntgeschlechtlichen Geweihschnecken im Aquarium ist daher ausgeschlossen – was nicht heißt, dass die Weibchen nicht trotzdem ihre hellen Eikokons an hartes Substrat wie Wurzeln und Co. kleben würden.

Mit gerade einmal zwei Zentimeter Endgröße bleibt die hübsche Geweihschnecke so klein, dass sie sich auch fürs Nano-Aquarium prima eignet.

Vor allem in schön bepflanzten Aquascapes kommt die Geweihschnecke toll zur Geltung und kann gleichzeitig Algenbeläge kurz halten.

Gesunde Pflanzen und auch Fadenalgen, Pinselalgen und andere höhere Algen frisst sie jedoch nicht. Braunes Herbstlaub und die darauf gebildeten Biofilme weidet sie gerne ab, auch Hokkaidokürbis mag sie gern.

Diese Geweihschnecke eignet sich am besten für gut eingefahrene Becken, in denen sich bereits genug Aufwuchs bilden konnte. Die Naturentnahmen kennen anfangs noch kein anderes Futter und würden in frisch eingerichteten Aquarien verhungern. Im Handel gibt es spezielles Schneckenfutter, das für ihre Bedürfnisse entwickelt wurde, und das in der Regel gut angenommen wird.

Die Fancy-Geweihschnecke lässt sich hervorragend mit anderen friedlichen Schnecken, mit Zwerg- und Fächergarnelen, aber auch Amanogarnelen vergesellschaften. Aufgrund ihrer halbrunden Gehäuseform kann sie sogar mit neugierigen Fischen wie kleinen Lebendgebärenden, Zwergbarschen oder Bärblingen gehalten werden.

Größe: bis 2 cm. Temperatur: 22–28 °C, pH: 6,5–8

Balkan-Napfschnecke

Diese Kahnschnecke aus Mittel- und Südosteuropa lebt in Süßwasserbächen und teils auch in Flussmündungen mit Brackwasser. Sie verträgt im Aquarium mittelhartes bis sehr hartes Wasser ohne Probleme.

Die Balkanschnecke erreicht eine Gehäuselänge von maximal 1,5 Zentimetern. Sie kann schon in Aquarien ab zehn Litern gehalten werden. Ich empfehle die Haltung in einer Gruppe ab fünf Tieren aufwärts.

Als Aufwuchsfresser frisst sie Kieselalgen, feine Biofilme und Algenfilme. Kunstfutter nimmt sie nicht. Pflanzen und höhere Algen wie Fadenalgen frisst sie ebensowenig. Futter, das einen Fressrasen bildet, wird dagegen gern genommen.

Auch weidet sie gerne Biofilme ab, die sich auf braunem Laub bilden.

Die Balkan-Kahnschnecke ist zwar kein Zwitter, jedoch lassen sich die Geschlechter nicht von außen unterscheiden. Die Weibchen legen ihre winzigen hellfarbenen Eikokons auf harten Substraten ab.

Anders als bei anderen Kahnschnecken entwickeln sich in diesen Eikokons keine Veligerlarven, sondern einige wenige kleine Schnecken, die sich von Nähreiern in den Kokons ernähren. Nach ungefähr 30 bis 60 Tagen schlüpfen die im Süßwasser lebensfähigen Jungschnecken aus den Gelegen.

Größe: bis 1,5 cm. Temperatur: 5–23 °C, pH: 7,5–8,5

Clithon subgranosum

Sonnen-Geweihschnecke

Clithon subgranosum aus Südostasien zeigt schöne Farben und individuelle Muster: Ihr bis zwei Zentimeter großes Gehäuse kann gelb, rötlich, olivgrün, hell- bis rotbraun oder orangerot gefärbt sein und schwarze, graue oder gelbe Muster zeigen. Manche Exemplare haben kleine Hörnchen auf dem Gehäuse.

Die Geschlechter der zweigeschlechtlichen Schnecke lassen sich von außen nicht erkennen. Weibliche Geweihschnecken legen Eikokons, aus denen Larven schlüpfen. In der Natur werden sie ins Meer verdriftet, wo sie zu Schnecken heranwachsen, die dann wieder in die Bäche nah am Meer zurückkehren. Im Aquarium überleben diese Larven nicht, in Gefangenschaft wurde die Art bisher noch nicht nachgezüchtet.

Die friedliche Sonnen-Geweihschnecke ist sehr aktiv und frisst den ganzen Tag Algenbeläge und Aufwuchs von den Aquarienscheiben und der Dekoration. Höhere Algen wie Fadenalgen oder Bartalgen frisst sie nicht.

Besonders anfangs geht sie noch nicht an Kunstfutter. Um zu verhindern, dass die Schnecken bei zu wenig Aufwuchs im Aquarium hungern, sollte spezielles Schneckenfutter für Aufwuchsfresser gegeben werden. Auch braunes Herbstlaub oder getrockneter Hokkaidokürbis wird gerne abgeweidet.

Mit anderen friedlichen Aquarienbewohnern hat die Sonnen-Geweihschnecke keine Probleme. Nur mit Schneckenfressern sollte man sie natürlich nicht vergesellschaften. Ihre Gehäuseform sorgt dafür, dass auch neugierige Fische, die gern einmal am Fühler zupfen, keinen Schaden anrichten können. Diese Schnecke verträgt weiches bis hartes Wasser.

Größe: bis 2 cm. Temperatur: 22–28 °C, pH: 6,5–8

Clea helena

Raubschnecke

Aus Indonesien und Thailand wird *Clea helena* (früher: *Anentome helena*) importiert. Die schneckenfressende Schnecke hat das Hobby im Sturm erobert. Ihr Gehäuse ist auffällig gerippt und turmförmig. Häufig sind die Schnecken spiralig gelb-schwarz gestreift, es gibt aber auch einfarbige Exemplare. Vorn zeigt die Gehäuseöffnung eine charakteristische Kerbe, aus der die Raubschnecke ihren Rüssel hochstreckt. Mit bis drei Zentimeter Gehäuselänge bleibt die Schnecke recht klein.

Raubschnecken sind zweigeschlechtlich, Männchen und Weibchen lassen sich jedoch von außen nicht unterscheiden. Nach der Paarung legt das Weibchen einzelne kissenförmige Eier an glatte Oberflächen wie Pflanzen und Dekoration, aus denen nach ungefähr zwei Wochen ca. 1 Millimeter kleine Raubschnecken schlüpfen. Sie leben zunächst im Substrat und kommen erst heraus, wenn sie etwas größer sind.

Um eine Schnecke zu fressen, betäubt die Raubschnecke sie zunächst mit Gift, das sie durch einen Rüssel injiziert und welches das Gewebe der Beute auflöst. Dann saugt sie die Schnecke mit einem zweiten Rüssel aus.

Die Raubschnecke bevorzugt einfach zu jagende Schnecken ohne Deckel wie Blasen- oder Posthornschnecken, geht aber bei größerem Hunger auch an Deckelschnecken.

Neben Schnecken nehmen Raubschnecken auch proteinhaltiges Futter an. Wurden alle Schnecken im Aquarium gefressen, kann *Clea helena* trotzdem weiter gehalten und mit proteinhaltigen Tabs ernährt werden. Ich rate dennoch zu einer Futterschneckenzucht. Die Raubschnecke braucht einen pH-Wert über 7 und bevorzugt mittelhartes bis hartes Wasser.

Größe: bis 3 cm. Temperatur: 18–30 °C, pH: 7–8

Neritina pulligera

Anthrazit-Napfschnecke

Die bis drei Zentimeter groß werdende, in Südostasien und West- bis Südafrika weit verbreitete Anthrazit-Napfschnecke *Neritina pulligera* ist auch als Stahlhelmschnecke bekannt. Für mich ist sie mit Abstand der beste Algenfresser im Aquarium! Diese Schnecke frisst als typischer Aufwuchsfresser alle Arten von Algenbelägen und Biofilmen und geht sogar an harte Grünalgen / Punktalgen an der Scheibe. Fadenalgen und Pinselalgen dagegen frisst sie nicht. *Neritina pulligera* sollte als relativ große Schnecke nicht in Aquarien unter 54 Litern gehalten werden.

Diese Schnecke ist wie alle Neritidae zweigeschlechtlich, Männchen und Weibchen lassen sich aber anhand äußerlicher Merkmale nicht unterscheiden. Die Weibchen legen längliche beigefarbene, sehr fest haftende Eikokons, aus denen Veligerlarven schlüpfen. Im Süßwasser überleben sie nur wenige Stunden. In der Natur werden sie von der Strömung ins Meer getrieben, wo sie zu Jungschnecken heranwachsen. In Gefangenschaft ist ihre Vermehrung noch nicht gelungen. Eine Bevölkerungsexplosion ist daher auch bei reichlich Algenaufwuchs im Aquarium nicht zu befürchten.

Außer Algenbelägen frisst die Anthrazit-Napfschnecke nach einer Eingewöhnungszeit auch Futterreste und weiches Gemüse wie Kürbis oder Zucchini. Pflanzen sind für sie uninteressant.

Achtung: In frisch eingerichteten Aquarien können die Schnecken verhungern. Ein sicheres Zeichen hierfür ist, wenn ihr Fuß kleiner ist als die Gehäuseöffnung. Um die Eingewöhnung zu erleichtern, verfüttert man am besten ein besonders auf ihre Ansprüche als Aufwuchs fressende Schnecke abgestimmtes Futter. Braunes Herbstlaub nehmen sie ebenfalls gut an.

Größe: bis 3 cm. Temperatur: 22–28 °C, pH: 6,5–8,5

Vittina waigiensis

Rote Rennschnecke

Die bis drei Zentimeter große Rote Rennschnecke kommt ursprünglich von den Philippinen und aus Indonesien, wo sie in Süßwasserbächen mit Meeranschluss lebt.

Als Aufwuchsfresser befreit sie die Scheiben, Dekoration und Pflanzen zuverlässig von lästigen Belägen und Algenfilmen. Sie frisst keine Pflanzen und auch keine höheren Algen wie Faden- oder Pinselalgen.

In neuen Aquarien reichen die Biofilme nicht aus, und die Rote Rennschnecke kann dort nach und nach verhungern. Bei Unterernährung ist der Fuß der Schnecke zu klein für die Gehäuseöffnung und sieht faltig aus. Der Fuß einer gut entwickelten Schnecke ist glatt und etwas größer als die Öffnung.

Die Rote Rennschnecke ist kein Zwitter. Leider lassen sich Männchen und Weibchen äußerlich nicht unterscheiden. Die Weibchen legen hellfarbene Eikokons auf allen harten Substraten ab. Darin entwickeln sich Veligerlarven, die in der Natur von der Strömung ins Meer gespült werden und dort zu Schnecken heranwachsen. Im Aquarium überleben die Larven nicht, eine Vermehrung ist daher ausgeschlossen.

Anfangs frisst die Rote Rennschnecke ausschließlich Algenbeläge, sie lässt sich aber mit der Zeit an anderes Futter gewöhnen. Den Übergang kann man *Neritina waigiensis* mit einem speziellen Schneckenfutter erleichtern, das einen Fressrasen bildet. Auch braunes Laub und Hokkaidokürbis werden von Beginn an in der Regel gern genommen.

Neritina waigiensis bevorzugt mittelhartes bis hartes Wasser und Wassertemperaturen von 20 bis 28 Grad. In einem gut eingefahrenen Aquarium ab 40 Zentimeter Länge lassen sich eine bis drei Rote Rennschnecken dauerhaft halten. Das Aquarium sollte gegen Entkommen gesichert werden.

Größe: bis 3 cm. Temperatur: 20–28 °C, pH: 6,5–8,5

Vittina semiconica

Orange-Track-Schnecke

Die bis drei Zentimeter große Orange-Track-Rennschnecke lebt im Indopazifik in Süß- wie auch in Brackwasser. Die Geschlechter lassen sich äußerlich nicht unterscheiden, die Rennschnecke ist dennoch kein Zwitter. Im Aquarium vermehrt sie sich nicht. Zwar legen die Weibchen Eikokons, jedoch brauchen die daraus schlüpfenden Larven Brackwasser oder Meerwasser zur Entwicklung.

Die ausgesprochen friedlichen Tiere lassen sich mit praktisch allen anderen Aquarientieren halten, sofern diese keine Schnecken fressen. Selbst neugierige Fische wie Guppys haben bei der Gehäuseform keine Chance, an Fühlern oder dem Körper der Schnecke zu zupfen.

Die Aufwuchs fressende Schnecke kümmert sich um Biofilme und Algenbeläge auf Blättern, den Scheiben und der Deko. Als Wildfänge finden sie in frisch eingerichteten Aquarien nicht genügend Algenaufwuchs und brauchen ein spezielles Schneckenfutter, das einen Fressrasen bildet. Auch Herbstlaub oder Hokkaidokürbis werden oft angenommen. An Pflanzen vergreift sie sich nicht. Höhere Algen wie Fadenalgen oder Pinselalgen werden ebenfalls nicht gefressen.

Im Aquarium kommt die Orange Track mit einer Vielzahl an unterschiedlichen Werten klar. Nur zu sauer darf das Wasser nicht sein, der pH-Wert sollte über 6,5 liegen. Hin und wieder verlassen die Tiere das Wasser, ein dicht schließender Deckel ist daher ein Muss. Eine bis drei Orange Track kann man schon in einem Becken ab 45 Litern halten.

Größe: bis 3 cm. Temperatur: 22–28 °C, pH: 6,5–8,5

Neritina variegata

Batikschnecke

Diese bis 2,5 Zentimeter große indopazifische *Neritina* wird dank ihrer Farben und Muster auch Tattooschnecke genannt. Im Habitat lebt sie auf Steinen und Felsen im Unterlauf von Flüssen.

Die Geschlechter der zweigeschlechtlichen Schnecke kann man von außen nicht unterscheiden. Die Weibchen legen ihre Eikokons auf Hartsubstrat ab. Daraus schlüpfen frei schwimmende Larven, die in der Natur durch die Strömung ins Meer driften. Dort durchlaufen sie verschiedene Stadien und wandern als fertige Jungschnecken wieder in die Flüsse. Im Süßwasser vermehren sie sich nicht.

Die Batikschnecke frisst Algenaufwuchs und Biofilme und nimmt spezielles Schneckenfutter an. Nach einer Eingewöhnungszeit geht sie auch an Fischfutter und braunes Laub sowie an Grünfutter. Ein bis drei Tiere kann man schon in einem Becken ab 45 Litern halten.

Sie braucht mittelhartes bis hartes Wasser mit einem pH-Wert über 6,5. Die Batikschnecke verlässt ab und zu das Wasser, das Aquarium sollte also ausbruchsicher sein. Sie lässt sich mit allen nicht schneckenfressenden Fischen und Wirbellosen im Aquarium vergesellschaften.

Größe: bis 2,5 cm. Temperatur: 22–28 °C, pH: 6,5–8,5

Taia naticoides

Pianoschnecke

Die Pianoschnecke stammt aus Myanmar, Vietnam und Indien. Das Gehäuse erreicht bis vier Zentimeter im Durchmesser. Männchen und Weibchen lassen sich gut unterscheiden: Beim Männchen dient der deutlich verdickte rechte Fühler als Begattungsorgan. Die Fühler der Weibchen sind gleichmäßig dünn.

Die Weibchen entlassen überwiegend nachts je ein einzelnes lebendes, fertig entwickeltes Jungtier, das sich zuvor in ihrem Brutbeutel aus einem Ei entwickelt hat. Eine Bevölkerungsexplosion ist auch bei besten Haltungsbedingungen nicht zu erwarten.

In ihrer Heimat leben Pianoschnecken in sedimentreichen Gewässern, sie buddeln sich auch im Aquarium ganz gern ein und lieben sandige Ecken. Gehalten wird die Pianoschnecke in mittelhartem bis hartem Wasser in Aquarien ab 50 Litern.

Als Filtrierer braucht sie täglich Staubfutter. Algenaufwuchs und Biofilme werden abgeraspelt, und nach einer Eingewöhnungszeit gehen die Tiere auch an Reste des Fischfutters. Braunes Herbstlaub sollte nie fehlen.

Die Pianoschnecke ist nicht sonderlich durchsetzungsfähig, sie sollte daher nicht mit anderen großen Schnecken, sondern besser im Artbecken gehalten werden. Man kann sie sehr gut mit Muscheln oder anderen Staubfutterfressern wie Fächergarnelen vergesellschaften. Wichtig sind neben strömungsreichen auch strömungsarme Bereiche im Aquarium. Zwerggarnelen sind als Beibesatz möglich, solange sich ihre Anzahl in Grenzen hält und die Tiere nicht zu dominant werden. Auch friedliche pflanzenfressende Fische sind gute Aquarienpartner.

Größe: bis 4 cm. Temperatur: 22–28 °C, pH: über 7,5

Marisa cornuarietis

Paradiesschnecke

Trotz ihrer Ähnlichkeit zu Posthornschnecken gehört diese Schnecke aus Mittelamerika und dem Norden Südamerikas zu den Apfelschnecken. Sie wird bis fünf Zentimeter groß. Meist ist das Gehäuse gestreift, nur selten ist es einfarbig. Sie sollte in Aquarien ab 54 Litern gehalten werden; außerdem rechnet man je Schnecke zehn Liter Netto-Wasservolumen. In ein Artaquarium von 54 Litern passen also nach Abzug der Aquariendekoration vier adulte Paradiesschnecken.

Sie frisst gesunde Pflanzen und entwickelt einen enormen Appetit. Nicht einmal vor den ausgesprochen hartlaubigen *Anubias* macht sie halt. Ihre Fresslust lässt sich durch reichliche Gemüsegaben etwas eindämmen, aber selbst dann frisst sie Pflanzen an.

Die sehr groß werdende Paradiesschnecke kann nicht alleine von Futterresten oder Algen leben, doch ist sie relativ anspruchslos, was die Fütterung einfach gestaltet. Die Allesfresser mögen Fischfutter ebenso wie Gemüse, das stets geschält oder gründlich gewaschen wird. Auch Frostfutter oder etwas geschabter Fisch stellen eine geeignete Nahrungsergänzung dar. Ein sehr leistungsfähiger Filter ist Pflicht!

Als zusätzliche Kalkzufuhr gibt man handelsübliche Sepiaschalen für Ziervögel oder zerstampfte Eierschalen, die man einfach ins Wasser streut. Da Paradiesschnecken stark wachsen und sich gut vermehren, ziehen sie viel Kalk aus dem Wasser. Um einen Säuresturz zu vermeiden, müssen sie über die Nahrung mit Kalzium versorgt werden.

Die Schnecken sind getrenntgeschlechtlich. Bei der Eiablage stellen die Paradiesschnecken unter den Apfelschnecken eine Besonderheit dar; sie legen ihre Gelege unter Wasser ab und nicht außerhalb. Die ca. 3 bis 5 Millimeter großen Eier werden in großen Paketen an Pflanzen geklebt und lassen sich gut absammeln.

Größe: bis 5 cm, Temperatur: 20–28 °C, pH: über 6,5

Tylomelania-Schnecken

Elefantenfuß-Schnecken

Direkt auf den ersten Blick überraschen die *Tylomelania*-Schnecken aus Sulawesi mit ihrer Größe und ihrer Farben- und Formenvielfalt. Auf ihrem Kopf und Fuß sieht man ungeahnte Farben und Musterungen. Form und Skulpierung der Gehäuse ist bei den verschiedenen Arten in Anpassung an ihre natürlichen Habitate ebenfalls unterschiedlich.

Je nach Art kann die Gehäusegröße von einem Zentimeter bis knapp zwölf Zentimeter betragen. Häufig ist bei Wildfängen die Spitze korrodiert. Die Schnecken besitzen einen Deckel, mit dem sie ihre Gehäuseöffnung verschließen können.

Die Temperatur sollte im Aquarium mit *Tylomelania* ganzjährig zwischen 27 und 29 Grad liegen, bei Temperaturen unter 25 Grad werden die Schnecken meist inaktiv und verschließen ihr Gehäuse mit dem Deckel. Selbst Temperaturen zwischen 29 und 31 Grad empfinden *Tylomelania*-Arten noch als angenehm.

Verschiedene Aufhärteversuche zeigten, dass es für ausgewachsene Wildfänge besser ist, sich an den Wasserwerten des jeweiligen Habitates zu orientieren. Der pH-Wert und die Wasserhärte sollten je nach Herkunft der Schnecken mithilfe eines Sulawesi-Aufhärtesalzes in Kombination mit Osmosewasser angepasst werden. Die Nachzuchten zeigen sich als robuster und weniger anspruchsvoll, was die Wasserwerte anbelangt.

Als Vorderkiemer sind *Tylomelania* getrenntgeschlechtlich angelegt. Vermutlich findet die Befruchtung durch die Übergabe eines Spermatophors vom Männchen an das Weibchen statt. Die Jungtiere wachsen bis zum Schlupf in einem fächerförmigen Brutbeutel mit separaten Kammern in einer Nährsubstanz heran. Weibliche *Tylomelania*-Schnecken bringen im Abstand einiger Wochen jeweils ein lebendes Jungtier zur Welt.

Tylomelania-Schnecken durchwühlen auf ihrer Nahrungssuche gerne Sand- und Lehmbereiche oder erklimmen Steine, Glasscheiben, Wurzeln und den Filter. Wichtig bei der Ernährung im Aquarium ist die regelmäßige Fütterung mit Staubfutter. Alle Arten durchpflügen das Aquarium auf der Suche danach, an ganze Futtertabletten gehen sie eher ungern. Bei Tieren, welche aus der Natur entnommen wurden, fand man im Magen überwiegend Sand und Kieselalgen.

Im Aquarium zeigen sich auch *Tylomelania*-Wildfänge als anpassungsfähig. Schon kurz nach dem Einsetzen fressen sie zermörserte Futtertabletten unterschiedlichster Zusammensetzung. Sie fressen Spirulinapulver, gemörsertes Zusatzfutter für Pflanzenfresser im Aquarium, aber auch zerriebene Futtertabletten mit einem hohen Anteil an tierischem Eiweiß. Je nach Art gehen *Tylomelania*-Schnecken an Aquarienpflanzen – oder auch nicht.

Größe: artabhängig. Temperatur: 27–31 °C, pH: über 7,5

Asolene spixi

Zebra-Apfelschnecke

Die Zebra-Apfelschnecke aus Südostbrasilien wird nur ca. drei Zentimeter groß und bleibt damit für eine Apfelschnecke recht klein.

Wie alle Schnecken ihrer Art frisst sie nicht nur Algen, sondern auch Futterreste, Gemüse, Aas und Detrius. Vereinzelt wurde berichtet, dass sie an Gelege anderer Schnecken geht. Sie hält das Aquarium durch ihr natürliches Fressverhalten sauber und fungiert als Gesundheitspolizei im Wasser.

Die tag- und nachtaktive Schnecke gräbt sich hin und wieder ins Substrat ein. Sie bewegt sich relativ langsam und fast ruckartig fort, ist aber dennoch anderen Schneckenarten gegenüber durchsetzungsfähig und robust in der Haltung.

Vergesellschaften lässt sich *Asolene spixi* gut mit Zwerggarnelen, anderen robusten friedlichen Schnecken und auch mit Muscheln sowie friedlichen, nicht zu neugierigen Fischen.

Die Zucht der Zebra-Apfelschnecke ist denkbar einfach. Nach der Paarung legt das Weibchen traubenförmige, mit einer gelatineartigen Masse umgebene Gelege an Wasserpflanzen oder der Aquarienscheibe ab. Auch das Innere von Kokoshöhlen wird sehr gern zur Eiablage genutzt. Nach drei bis vier Wochen schlüpfen fertig entwickelte Jungschnecken, die weitgehend problemlos aufgezogen werden können.

Zebra-Apfelschnecken sind nicht so vermehrungsfreudig wie andere Aquarienschnecken, eine Übervölkerung des Aquariums ist daher nicht zu befürchten. Die Geschlechter lassen sich mit etwas Übung recht gut unterscheiden, das Geschlechtsorgan der Männchen sitzt wie bei allen Apfelschnecken rechts vom Kopf und ist manchmal in der Gehäuseöffnung sichtbar.

Größe: bis 3 cm. Temperatur: 20–28 °C, pH: über 6,5

Vittina turrita

Zebra-Rennschnecke

Diese bis drei Zentimeter große Rennschnecke aus Südostasien ist zweigeschlechtlich, leider gibt es jedoch keine äußerlichen Merkmale zur Unterscheidung von Männchen und Weibchen.

In der Natur lebt sie hauptsächlich auf Felsen und Treibholz im Gezeitenbereich von Fließgewässern, wo sie sich von Aufwuchs und Algenfilmen ernährt. Diese Rennschnecken können problemlos im Süßwasseraquarium mit mittelhartem bis hartem Wasser leben. Eine bis drei Schnecken passen in ein Aquarium ab 45 Liter.

Sie frisst neben Schneckenfutter gerne Biofilme und Algenbeläge, jedoch keine harten Faden- oder Pinselalgen.

Im Süßwasser kann sie sich nicht vermehren. Zwar werden Eikokons auf Hartsubstrat abgelegt, jedoch brauchen die Larven Salzwasser zur Entwicklung. Auch bei sehr gutem Futterangebot ist daher keine Schneckenplage zu befürchten.

Größe: bis 3 cm. Temperatur: 22–28 °C, pH: 6,5–8,5